VIAJE al interior de mi cerebro

RELATOS

JOSÉ LUIS MANZANO VALLE

CULTIVA

COLECCIÓN CULTIVA • NÚMERO 337

Primera edición: mayo 2012

Cultiva Libros S.L.
Teléfono: 91 50 60 975
www.cultivalibros.com

Edición: A. de Lamo
Diseño y maquetación: Yudi Vargas P.
Impresión: Publidisa

Precio ejemplar: 12 €

ISBN 13: 978-84-9923-962-0
Depósito Legal: M-18935-2012

IMPRESO EN ESPAÑA • UNIÓN EUROPEA

Chete,
desterradas un jueves santo del paraíso de
nuestra felicidad menuda,
erramos por el amargo camino de la vida sin ti,
esperando que el último paso nos abra la verja
del jardín perdido.

José Luis

In Memoriam

Hasta donde yo recuerdo:

Una mansión deteriorada en su presencia de vidas; una enredadera atrapando sensaciones y sentimientos; una cancela desvencijada que invita a pasar y la figura de un caballo al fondo que se presencia inquietante en un desasosiego encabritado /

Un mirador en «La Cimbarra»; Allí donde se abre el corazón de la provincia de Jaén; intentos y más intentos; aguas de arroyos que se convierten en lágrimas /

Grecia, un ejército de citas filosóficas atrapadas en el interior de un relato mezcla insólita de lo que eran tus propias visiones, tus propias narraciones: ¡siempre asombroso! /

Un loro que se convierte en detective, un detective que sólo sabe hablar como un loro, un absurdo lógico en tu pluma, una historia racional en tu mirada romántica /

Un campo de nudistas al borde de la playa que se descubren desnudos de ropa y vestidos de todo lo que es la humanidad: virtudes y flaquezas; lo mejor, lo reconocen; lo peor, ya no nos volveremos a reír con relatos tan imaginativos como éstos /

Un ascensor bíblico porque en su interior cabe el mundo y, por ende, la humanidad; Porque así era tu mirada: amplia y aglutinante, creativa hasta la extenuación; una mirada sencilla y fresca en la que convivían personajes y situaciones heterogéneas y extrañas como si de un esperpento valleinclanesco se tratara, por qué no, qué diferencia a un concertista de piano de un bombero, nada, tu mundo literario era plural y... ¡desconcertante en su creatividad! /

El último: un cura taimado, una situación hilarante, un obispado en ciernes, un suicidio que no es tal, una pistola que está seca de balas: ¡cuánto derroche imaginativo! /

Hay más, y a poco que me detuviera en el recuerdo de tus relatos podría seguir y seguir, pero quiero acabar con tus propias palabras, escritas y leídas en público, ahora, casi va a hacer un año en ese estupendo relato corto que titulaste «ALDEAQUEMADA»:

«He puesto lo más preciado de mi vida en —permíteme que te corrija con todo el cariño del mundo— los relatos fantásticos que aquí se narran. Me he dejado la piel en ello hasta desollarme, sin importarme, lo más mínimo, el tremendo desgaste que me causaría el tener que embriagarme en un mundo mágico»

Ten por seguro que disfrutaste de ese tu mundo mágico porque lo viviste, lo escribiste y lo enriqueciste; buen viaje, José Luis.

Con amistad.

Manuel Cardeñas Aguirre
Abril, 2010

Juan Desgracia

Me llamo Juan Desgracia y, como mi apellido indica, mi sino es la fatalidad. Mi apellido marcó el signo de mi desventura y así será por siempre jamás. Concentro el colmo de todos los males. Sí, soy humilde y desgraciado. Me considero el ser más infeliz de la tierra. Cuando quiero blanco todo me sale negro y cuando quiero tinieblas sale a relucir la claridad. Es la rueda de la fortuna que pasó de largo el éxito fugaz; la vida que cambia y gira como una peonza, dándome más palos que a un hijo tonto. Es la carambola del infortunio. Si quiero llegar puntual como un reloj suizo, me despierto media hora más tarde; si quiero comer caliente la sopa, se me enfría; si quiero esto, será lo otro. Me levanto por las mañanas y hace un día ceniciento, tan oscuro como mi sino. En fin, soy el más humilde de los desgraciados, un gafe al que siempre se le cae la tostada por el lado de la mantequilla y un hombre que ha perdido el tren de la vida.

Esta circunstancia de la fatalidad es inherente a mi familia. Mi abuelo murió corneado por una vaquilla; mi padre se saltó un semáforo en rojo y le mató un tranvía. Es nuestro destino y hay que hacerse a ello. Yo, el tercero de la generación Desgracia, lo llevo fatal. Me rebelo ante la adversidad y me exalto lanzando improperios contra mi apellido.

Soy un humilde empleado, el último mono de una gran compañía. Sí, soy botones. Mi trabajo es sencillo, tan sencillo como apretar el botón de un ascensor. Soy el encargado del ascensor, un ascensor impecable y reluciente que sube catorce plantas y baja cuatro hasta el sótano; un ascensor que sube y baja con la fuerza de mil demonios y me levanta un dolor de cabeza y un dolor en el estómago que calmo con una cucharadita de bicarbonato; un elevador reluciente, sobrio y señorial, con una banqueta para el director. Eso sí, le falla la maquinaria. Algunas cuerdas y el engrase podrían mejorarse, pero sube como los ángeles y con la velocidad del rayo. El colmo de mis desgracias es que tengo que pasar ocho horas diarias en él. Tengo ya unas enormes varices en las piernas y un dolor en la espalda tan inhumano que me hace estar siempre de mal humor.

También tengo que decirles que jamás encontré el amor. Siempre que quise amar, me abandonaron. Tuve una novia y al día siguiente me dejó, porque me salió un grano en la nariz. Cierto día, estando de mal humor en el ascensor, me salió al paso una rubia despampanante. Y me dije: «Ésta es la mía». Le sonreí y ella me soltó una ordinariez de aldeano cerrado de algún pueblo de la España profunda. ¡Infeliz de mí! Ya no me pude contener y, con odio, lancé una blasfemia tan grande que los ángeles del cielo temblaron y los demonios del infierno se relamieron de gusto. Entonces, el ascensor bajó más allá del sótano. La maquinaria fallaba; las cuerdas se habían roto por el alarido bestial. Bajaba y bajaba el ascensor: planta -1, planta -2, planta -15, planta -1789. Era infernal. Hacía mucho calor, un calor asfixiante. Era el fin de la vida de Juan Desgracia. Me partí la crisma y morí desangrado. Ni siquiera Dios se compadeció de mí y me lanzó a las tinieblas exteriores.

Mi apellido marcó el sino de mi desventura. Ahora, abrasado en el sol de Satán, soy un pobre diablo, un humilde calderero de brasas ardientes. Es el sino adverso de una persona desgraciada, un pobre infeliz, un pobre diablo del que nadie se acuerda ni al que nadie jamás quiere recordar.

Aldeaquemada

He puesto lo más preciado de mi vida en el relato fantástico que aquí se narra. Me he dejado la piel en ello hasta desollarme, sin importarme, lo más mínimo, el tremendo desgaste que me causaría el tener que embriagarme en un mundo mágico.

Allí donde se abre el corazón de la provincia de Jaén, encendiendo entre sus montañas la luz de Andalucía, intentando echar el pestillo de la puerta, dejé a un lado el sur y a lo lejos el norte, quedándome en el punto central de Sierra Morena. Me quedé encerrado, aislado en el pueblo de Aldeaquemada, enrejado sin la posibilidad de huir de algo que presagiaba funesto. Como si de un presidio se tratara, el portalón de Despeñaperros me atrapó entre sus montes. El aire cerró con ímpetu las puertas de salida. Entonces lloré. Acurrucado debajo de un peñasco, bajo la atenta mirada de una liebre, supe que nunca saldría de allí. Alcé los ojos y, andando entre sollozos, me encaminé a mi casa: un pequeño chalet, al lado de un parque. Éste sería para siempre mi hogar hasta que mi alma dejase el mundo pasando a una vida de plenitud.

No me falta razón al afirmar que he puesto lo más noble de un ser humano en los sucesos que aquí describo, pero aún no es el momento de dar un desenlace a este cuento que acaba de nacer, sino de contar cómo fui atrapado en este paraje. Mi espíritu con los años iba dejando un poso en la comarca, entre la gente, en las piedras, en el aire. Mi alma iba derramando una ilusión contagiosa que parecía ir calando hasta los huesos a la pequeña aldea. Allí donde fuese, irradiaba una alegría que tenía algo de paranormal. En la taberna, en la Iglesia, en las calles. En mis paseos a La Cimbarra, cuando iba de caza a alguna montería, en el río Guarrizas cuando llevaba a mi sobrino a pescar.

Intenté salir de la provincia de Jaén. Todo intento era inútil. Saliese en coche, andando, a caballo, nunca podía salir. El norte cerrado a cal y canto, y el sur aún más cerrado. Estaba en una clausura impuesta de la que sólo saldría cuando la afilada guadaña de la muerte llamase a mi puerta. Disfruté de Aldeaquemada largos años, pero noté que de mi espíritu ya no emanaba paz, sino profundo desdén. La gente me evitaba, algunos me retiraron el saludo, las flores se marchitaban a mi paso, los gamos detestaban mi presencia. Algunos jabalíes se enzarzaron a dentelladas con mi cuerpo. Dejé la caza, abandoné la pesca, caí en una depresión fortísima. Me aterrorizaba el subir al Mirador de La Cimbarra pues temía lanzarme por el precipicio. Sí, he puesto demasiado en este relato.

Al final nunca salí de la comarca, pues mi alma estaba muerta. Descansaba en el cementerio municipal antes de que se cerrase el portalón de la provincia de Jaén. Los muertos no son libres de franquear puertas. Lo inmensamente doloroso es que la gente fue feliz cuando estaba enterrado bajo el ciprés. Y cuando estaba en el recuerdo producía la felicidad de la memoria egoísta. La Cimbarra llora sangre cuando las liebres se acuerdan de mí.

Alucinación

«Los escogidos son aquellos
para quienes las cosas bellas
sólo significan belleza»

Oscar Wilde

Tras la verja gris del manicomio se respiraba el aroma pesado de las lilas. Las florecillas y la hierba crecían salvajemente como cervatillo encabritado en el jardín. De los muros colgaban madreselvas y hiedras que daban un aspecto lujoso al inhóspito lugar. Una fuente de mármol presidía la escena con su chorrito de agua cristalina que manaba de un angelito de alas blancas al viento. Un aire elegante y dulcísimo acariciaba el ambiente. Los rayos del sol se reflejaban en los muros y les daban un tono colorista y alegre. El silencio era intenso, sólo enturbiado por el zumbido de una colmena de abejas. Rítmicamente, un joven pintor, pincel en mano, se bamboleaba en una mecedora y mantenía en un pequeño caballete una lámina en blanco. Se cruzaban por su intuitiva cabeza ideas brillantes para rellenar la lámina que, inerte, esperaba en el caballete la inspiración del joven. Un pajarillo piaba y se posó tiernamente en la fuente. El pintor cogió el pincel con la mano izquierda y su rostro se mostró absorto en sus visiones, tan frecuentes en aquellas horas de la tarde. El té de las cinco descansaba en una tacita de porcelana. Embadurnó de color rosa pálido la lámina blanca y respiró feliz. Había vivido una bellísima alucinación que le mostraba un hermoso paisaje de ninfas y hadas bailando al son de una música celestial. Entonces subió a su habitación y dejó la lámina sobre su escritorio. Pasó la noche entretenido, dibujando en una servilleta de papel y recreándose desde la cama en la observación de su bella creación.

Al día siguiente, las nubes de algodón se cernían grises y una ligera llovizna caía en la siguiente lámina blanca que se proponía a la mente genial y enfermiza del pintor. En un momento quedó petrificado, paralizado. Se le vino a la mente una bellísima imagen de un cisne alado que cantaba su último canto. Su expresión era de autentica felicidad. Cogió el pincel y dibujó presuroso al cisne alado en su bello canto. Subió como de costumbre a su ennegrecida habitación y pasó la noche descansando plácidamente en su mullida cama.

Eran las cinco de la tarde de un nuevo día y los anaranjados rayos del sol se posaban en la siguiente lámina en blanco del genial artista. La alucinación no tardaría en llegar y su inspiración se plasmaría con delicadeza en el cuadro. Entonces entró en éxtasis. Unas gotas de saliva caían de sus labios y un fuerte dolor de cabeza le trajo el más dulce de los paisajes. Era una selva llena de pájaros de vivos colores, de monos saltarines, de lobos y felinos, de cacatúas y papagayos que cantaban con dulce candor en la fiereza de la jungla.

Subió a su cuarto y, acariciando la lámina, la escondió con una sonrisa de inimaginable felicidad. Ya esperaba tumbado en su cama el tierno amanecer y deseaba que llegara prontamente la hora del té. Amaneció y pasaron las horas hasta que, con su puntualidad de caballero británico, preparó a las cinco de la tarde su cucharilla, su tacita de porcelana y un té mentolado de finas hebras. Entonces tuvo una visión alucinante. Se dejó llevar por esa visión y, en un momento, su rostro expresó la más viva imagen del pánico. Había tenido una visión apocalíptica y decidió hacer un pequeño paisaje de la brillante idea que se le había pasado por la imaginación. Una acuarela de color rojizo embadurnó la lámina blanca que esperaba tranquilamente a ser diseñada. Un trazo aquí y otro acullá dieron el último golpe de efecto a la inquietante pintura.

El pintor quedó extasiado, paralizado, absorto en sus pensamientos y visiones. Había visto el Hades y la precipitación de su alma al abismo infernal. Era una terrible alucinación. Corrió a la fuente a vomitar y exhaló un poco de aire fresco. Un farolillo rojo iluminaba tenuemente el jardín. Acalorado, volvió a echarse en la mecedora a descansar de su trabajo pictórico.

La lámina estaba ya terminada y plasmaba el descenso veloz de un alma al infierno. El pintor miró su creación y acarició entre sus finas manos el pincel. Entonces un desmayo le sobrevino haciéndole caer en un éxtasis paralizador. La mente se le embotaba con las más turbias y negras visiones alucinatorias. En la lámina se veía nítidamente cómo su alma se precipitaba al averno. Extasiado por la crisis nerviosa, soltó el pincel y se deslizó, golpeándose la cabeza con la mecedora. Comprendió que se estaba muriendo y que el cuadro que acaba de pintar representaba una terrible alucinación, pero también una cruel realidad: su alma descendía al infierno. Entornando los ojos, dejó caer la pintura mientras clamaba por la salvación de su alma. Era la hora de su alucinación, la hora del té británico. Eran las cinco de la tarde: la hora de su muerte y la hora de las tinieblas.

Balada triste del Ángel Caído

Al filo de la medianoche, cuando los murciélagos baten sus alas y la luna llena muestra su rostro amable, el Ángel Caído suspira sus anhelos de libertad. La complicidad nocturna, el cielo salpicado de estrellas luminosas y el ambiente lascivo de la gran ciudad hacen de la noche madrileña un paraíso para los amantes del diablo. La lluvia chisporrotea levemente humedeciendo la acera y las luces de los coches buscan el tráfico endiablado de la movida nocturna. El demonio, en su estanque, descansa plácidamente buscando la serenidad y la paz, sólo enturbiada por el aleteo de un murciélago que inesperadamente se posa en la barandilla del estanque. A lo lejos, un mendigo consume una botella de vino amargo y descansa en un banco olvidando la mala vida. La noche lanza sus estertores gimiendo en una frenética lucha por la tentación más ruin. La lluvia embarra la fuente que preside majestuosa la bestia maligna. En otro lado del parque, unos novios se entrelazan gimiendo lujuria y desfogando los impulsos bestiales de la carne sobre la hierba. Sólo el titubeo de una ardilla subiendo por las ramas frondosas de un chopo les pone en alerta. La madrugada crapulosa anuncia la hora de las tinieblas. Es la una menos cuatro minutos en el viejo reloj de la concurrida calle Gran Vía, que muestra la frenética vida de la capital. La madrugada se hace lenta, vibrante, y en la calle se respira el ambiente malicioso de vidas entregadas a una pasión irrefrenable. Es el anuncio del fin.

Una boina roja se divisa en la lejanía. Es Martín, el loco. Carga despacio y meditando una escopeta de cartuchos. Baja borracho y aturdido por la calle de Alcalá increpando a los viandantes. El tráfico agitado es constante. La lluvia cae suavemente en la Puerta de Alcalá. Martín lleva el *Mein Kampf* en una mano y en la otra mano, temblorosa, sujeta la escopeta. La gente se asusta, se mete en los bares, y algunos corren despavoridos ante la amenaza del perturbado. Martín machaconamente se repite: «la noche clama venganza al cielo», y escupe en la acera mostrando su rabia y fiereza. Alarga sus pasos hasta la puerta de entrada del parque. El borracho absorto se esconde tras un plátano gigante. Los novios se agitan sin percatarse del loco. Martín vacila y recita una brevísima letanía: «Sagrado Corazón de Jesús, en Vos confío». La lluvia se hace intensa. El diablo muestra sus fauces a la gran ciudad y lanza un grito pavoroso que es aplacado por el alarido de Martín, el loco: «¡Salve, Cristo Rey!». La escopeta cargada lanza el relámpago de un único disparo que alcanza el corazón negro y podrido de la bestia maligna. Es el anuncio del fin.

En un concurrido cine, se masca chicle y se saborean unas deliciosas palomitas de maíz. La película es intensa, inquietante; lleva casi media función y ha conquistado a la audiencia. El acomodador enchufa con la linterna a unos despistados que llegan con retraso y los acomoda en unas butacas al fondo. La oscuridad muestra en el cine el mismo color que la noche. Unos novios aprovechan para besarse y acariciarse en las butacas. Se oyen gritos de horror. La película es una auténtica pesadilla terrorífica. La gente está asustada en los asientos. En la pantalla se ve una enorme bestia maligna que engulle a sus víctimas y las precipita al averno. Una joven llora desconsolada. Un joven se ha quedado dormido en una butaca y su novia, besándole en la mejilla, le despierta:

—Venga, ha terminado ya la película. Vamos para casa. Estoy temblando de miedo.

La gente se agolpa en la entrada comentando la función. A lo lejos, la Puerta de Alcalá muestra una espléndida escena del Madrid nocturno. La joven besa a su novio por segunda vez y le dice:

—¿Te has quedado dormido, Martín?

—Sí, estaba soñando —dice el joven aún con un ligero bostezo.

—Ha sido terrorífico. Era una gigantesca bestia maligna...

—Sí, yo he soñado algo parecido...

A lo lejos, la estatua del Ángel Caído canta una balada triste. Está amaneciendo y un anaranjado sol despunta en el cielo. Martín tiene horribles pesadillas, besa a su novia y la acaricia, estrechándola entre sus brazos. La cama del apartamento es ancha y larga. Al fondo, un tocador y un cuarto de baño; a la izquierda, una ventana que da al Parque del Retiro. Unos murciélagos, lanzando gemidos, se posan en la barandilla de la ventana. Martín llora y se estremece. La bestia maligna lanza un poderoso rugido que hace vibrar las ventanas. En fin, una terrible pesadilla de una noche de verano.

Carolo III

La figura esbelta de la estatua a caballo de Carlos III en la Puerta del Sol proyectaba en el suelo la sombra invertida del Rey, dibujando en forma de goma elástica su perfil. La nariz prominente parecía alargarse, caricaturizando al modo borbónico tan preciado lugar de la cara. Esbozándose su silueta como infantil sombra chinesca, en nada desmerecía de su retrato en el Prado. Este retrato, con su realismo, resalta el mencionado miembro de su rostro de tal modo que parece sobresalir de la tela para olisquear el fascinante mundo que se le ofrece. Madrid se presenta como un juguete tan goloso que la nariz del Rey se extiende en un esfuerzo por rasgar la tela pintada. El rostro pasmado, a la manera de los monarcas de Francia, parece una tortilla del susodicho país, un puzle de dos piezas que como un mapa se dibuja en el lienzo del preciado cuadro. En el suelo mojado, su sombra alargada parece un tirachinas a punto de lanzar una piedra picuda, un Pinocho de hierro engalanado de mentira.

—¡Menuda trompa de elefante! —dijo un borracho al claro de luna.

—Un gabacho en forma de garbanzo —masculló uno.

—Unas napias a caballo —dijo una mujer.

—¿Un Monarca? ¡No! ¡Republicanos, por narices! —dijo un mendigo.

—El mejor alcalde de Madrid era un Rey —dijo uno que se ocultó para defender al Monarca.

—Sí, sí. El Rey de Bastos —sonrió otro.

El Monarca miró a lo lejos como disimulando su perfil. Avergonzado, bajó su sombrero para taparse la cara y dejó resbalar unas lágrimas por su nariz como si de un tobogán de agua se tratara. Su afilado rostro parecía ocultarse bajo la luz de una luna que se burlaba de él. El cuadro dio unas pinceladas de llanto. La peluca blanca intentaba torpemente cubrir la vergüenza borbónica. Y el Rey rompió a llorar. Su corazón latía con la fuerza de un niño que se lastima al caer de bruces al suelo.

—¿Acaso mi nariz es mi persona? —musitó entre llantos el Monarca.

—La guillotina corta cabezas, no narices —se burló un borracho.

—Mi nariz forma parte de mi rostro. Mi personalidad es mi honestidad. Mi pasado, encerrado en la Historia de España, es lo que debemos juzgar: mi reinado, mis obras, mis acciones. Cuando todo el mundo se rendía ante mí ceremoniosamente sin importarle lo más mínimo el tamaño de mi nariz, cuando el Monarca de España era conocido por «el mejor alcalde de Madrid». Mis obras asombraban al mundo y aún el hombre se complace con ellas, con la belleza, poderío y majestuosidad de un reinado inscrito en la Historia. Juzgadme por mi reinado, no por el tamaño de mi nariz.

—Tonto de narices, ¡cállate!

—Nariz de papagayo —dijo otro.

—Nariz de narigudo.

—¡Pinocho! ¡Pinocho!

Carlos III rompió a llorar. Ocultó su rostro. Querría escapar al galope en su caballo de una turba que lo linchaba a insultos, pero la piedra del pedestal era tan fuerte que nunca podría galopar ni escapar. El cuadro lloró lágrimas de tinta. La multitud cogió enormes adoquines para derribarlo del caballo.

Nadie se atrevía a lanzar la primera piedra hasta que un dedo infantil señaló al Monarca y, subiéndosele al sombrero, dejó al claro de luz una nariz sonrosada por el sol. Alzándose con energía, dio un golpe al bronce con una piedra achatando el perfil antes prominente. La figura del Rey se plasmó en el suelo con una nariz digna de una estatua de Miguel Ángel. Un golpe en la punta fue suficiente. La sombra de Carlos III, envuelta en su capa de tela negra, parecía alegrarse como un niño ante un juguete de madera. La figura chinesca esbozó una sonrisa de complicidad que tan sólo el oso junto al madroño percibió. La estatua del Monarca quedó en su pedestal con la realeza de una época pasada y el retrato realzó su figura con un colorido más intenso. Sellando un profundo sueño, el bronce se fundió en el pedestal como el óleo en el cuadro.

—Mira, Carlos III, «el mejor alcalde de Madrid» —dijo un inglés a otro.

—¡Qué estatua más bella! —dijo una niña.

—¡Qué bellísimo perfil! Su propia sombra le ennoblece.

Y el Monarca, rascándose la nariz, se atusó su peluca blanca, cogió su bastón de mando y, con elegante saludo francés, miró en la lejanía, calle abajo. Desde su caballo de bronce percibió el umbral de una puerta que lo llevaba hacia un negro túnel del tiempo.

Carta a mi particular primavera

Querida María Luisa:

Fue una mañana cualquiera. No recuerdo la fecha exacta. Llovía. Corrimos con las manos heladas a refugiarnos en un café, unos amigos y yo. Entonces me dirigí a ti y te pedí un cigarrillo. Te lo pedí y tú no me lo diste. Desde entonces para mí eras «la chica que no me quiso dar tabaco». ¿Lo recuerdas? Yo recuerdo que tú siempre llevabas un pitillo en la mano, abrigada con tu abrigo negro. Siempre me hacía el encontradizo cuando salíamos a la calle después de las clases en el instituto. Mis amigos me decían que eras demasiado para mí.

Tú, ajena a todo. Yo mientras tanto incubaba un amor que aún me dura. ¿Lo recuerdas? Dime por el amor de Dios si lo recuerdas. Gestaba historias contigo a mi lado, fantaseaba con tu presencia, escribía cartas, pensaba en ti todos los días.

Tu porte externo te hacía elegante, tus facciones duras, tu pelo negro. Nunca había conocido una chica igual. Para mí eras «la chica que no me quiso dar tabaco». Me enamoraba cada vez más y repetía muchas veces la frase de Pascal: «El corazón tiene razones que la razón no entiende». Me fijaba en tus ojos negros y tú, sin darte cuenta de nada, mirabas a otro lado. Tu andar elegante con tu mochila al hombro.

Jamás sentí un amor igual. Te escribía poemas en la revista del instituto con nombre falso. Tu estilo personal me embriagaba. El autobús que te llevaba a casa, el M-9, lo cogí pensando tan sólo en ti.

Entonces, apasionado con revoluciones juveniles, soñaba con que fueras mi guerrillera hispano-libertaria, mi Natalia Ivanova. Soñaba contigo todas las noches. Sí, fue una mañana cualquiera, no recuerdo la fecha exacta. ¿Lo recuerdas?

Con desdén me dijiste: «No». Yo te pedí un cigarrillo.

Luego, con tu andar elegante, cruzaste el umbral de la puerta del instituto y, cuando yo pasaba con un libro en la mano, dijiste: «¡Y se marcha sin decirme nada!». Con el corazón partido en mil pedazos me pregunto llorando: ¿lo recuerdas? Allí cayó «El Ídolo Roto» para siempre.

Jamás he amado a una mujer igual. Guárdame en tu corazón.

Fue una mañana cualquiera. No recuerdo la fecha exacta. Enloquecí.

Años más tarde, roto de dolor, me pregunto: ¿sueño, imaginación, verdad?

Tratado fantástico de criobiología

Los especialistas en criobiología, o conservación de la vida humana a bajísimas temperaturas, nos enfrentamos a una ciencia que ocupará a lo largo del siglo XXI un apasionante papel para el futuro más próximo de la humanidad. La comunidad científica se halla inmersa en una dura batalla, que revolucionará la medicina, por legalizar esta apasionante práctica en seres humanos.

Como auténtico experto en esta materia, que oscila entre lo fantástico y lo puramente técnico, he de decir que el panorama se inclina francamente a favor de la legalización de esta práctica en beneficio de la humanidad. La conservación de la vida humana a bajísimas temperaturas —actualmente a -234ºC— permitirá a los seres humanos mantenerse en un estado de letargo hasta que por medios científicos se investiguen terapias acertadas para curar las enfermedades que acechan al hombre actual. Las grandes cámaras de hibernación permiten mantener al enfermo, superando límites de miles de años, para su posible vuelta a la vida cuando se encuentre remedio a su dolencia. Enfermos de patologías incurables en el momento actual podrán ser curados en un futuro más o menos próximo. Males como el alzheimer, el cáncer, la epilepsia o la esquizofrenia y otras múltiples patologías que proliferan en el umbral del tercer milenio están a punto de ser curados.

El único caso de hibernación o, más propiamente, de crionización de que se tiene constancia es el del célebre dibujante norteamericano Walt Disney. La fundación que lleva su nombre pagó al Estado norteamericano elevadas sumas de dinero para mantenerlo con vida aletargada en una cámara de frío, a la temperatura de -234°C, hasta que la ciencia médica encontrara solución al más terrible mal que afecta hoy en día a la humanidad: el cáncer.

¿Qué pasará el día en que Walt Disney despierte de su letargo? Seguramente podrá atajarse la dolencia que le afecta y será curado para reintegrarse a una vida normal con salud. ¿Y las consecuencias psíquicas o psicológicas que tendrá que sufrir al encontrarse con un mundo totalmente ajeno al que vivió? Necesitará una psicoterapia clínica para acomodarse al mundo al que realmente acaba de nacer.

La criobiología es una ciencia en auge. Quizás se construyan edificios gigantescos para que miles de personas ilusionadas con un posible remedio a sus dolencias puedan volver algún día a la vida y reintegrarse en el mundo. Después de sacarlas de la cámara de hibernación, se les curaría su enfermedad, del tipo que fuese, y podrían disfrutar su vida en el futuro.

José Luis Manzano Valle
CATEDRÁTICO DE CRIOBIOLOGÍA
UNIVERSIDAD DE ILLINOIS
24 DE OCTUBRE DE 1997

Dos euros para Mozambique

Se me pusieron los cataplines de corbata. Eché a correr hasta el cementerio y allí descansé del enorme susto en un nicho, sin importarme demasiado que el infortunado finado descansara su sueño eterno bajo el inmenso ciprés que presidía el campo santo. La adrenalina me produjo un apretón que hizo dilatarse a mis partes nobles para soltar por los calzoncillos varios palominos algo deshonestos. El corazón casi se me sale por la boca durante la carrera con el anciano que me perseguía después de mi último golpe en su ferretería. Tuve que dejar mi botín en el suelo, dos linternitas. El anciano a zancadas me alcanzaba y ya había conseguido burlarle cuando me golpeé en la cabeza con el ciprés.

La sombra del gigantesco árbol cubrió la deshonrosa fechoría y el rubor en mis mejillas. Abochornado, tiré mis calzoncillos a un hoyo y me limpié los bajos con una hoja, jurando a Dios y al demonio que repararía mi afrenta. Mientras, con una mano en la barriga, presionaba para no descargar más deshonra.

Me fui a casa jurando venganza, deseando que le partiera un rayo al anciano. Iba silbando, disimulando mi bochornoso incidente con el dueño de la ferretería.

Una sonrisa de pícaro diablillo iluminó mi testa: tenía un plan. El endiablado brujillo que había en mí se tomaría la justicia por su mano. Reí maliciosamente y pensé: «la venganza se sirve fría».

Pasaron cinco años del suceso cuando supe que el anciano, después de una penosa enfermedad, descansaba la paz de los justos bajo el ciprés del cementerio. Ahora regentaba su hija la ferretería. Una sonrisa de felicidad me embriagó al cruzar la puerta metálica de la tienda. Actué:

—¿Tienen algún ladrón de dos bocas?

—Tenemos para dos o tres enchufes —dijo la hija.

—Yo necesito un enchufe y necesito un ladrón.

—No faltaba más. Mire, señor, un ladrón para un enchufe —amablemente estiró del cable y, con el esfuerzo, se le abrió la blusa dejando a la vista unos pechos encantadores.

—Yo es que necesito uno más largo. ¿Tienen de 24 centímetros?

—No, tan largos no existen en el mercado —dijo la chica.

—¿Quizás de 18?

—Sí.

Y alcanzando una escalera se subió a un altillo, dejándome ver un bonito panorama.

—Bueno, le compro el ladrón y el enchufe. ¿Cuánto es?

—7,25 euros.

—Muchas gracias. ¡Ah! ¿No tendrán linternas pequeñas? —reí.

—Sí. Mire, en ese escaparate quedan dos.

—¿Cuánto cuestan?

—Dos euros.

—Bueno, pensándolo bien, me apaño con una que tengo en casa. Muchas gracias.

—A usted.

En un bote que ponía «Ayuda a Mozambique» dejé dos euros. Una sonrisa de placer inundó mi alma. Al salir de la tienda ayudé a una anciana a cruzar el umbral de la ferretería.

—Hijo, eres un sol. Así me gusta la juventud. ¡Solidarios!

Me acerqué al cementerio. Hacía frío. Reí.

Miré la lápida. Reí.

El ciprés se estremeció de dolor.

Gesta de la cigüeña Calamidad

En una humilde torre del pueblo jienense de La Carolina duerme un profundo sueño entre pajas la pobre y desdichada cigüeña Calamidad. Su madre prepara el desayuno con un mandil rojo que cubre sus alas y lleva un peinado enrulado de peluquería. Las tostadas de pipas y bellotas son el principal menú de nuestra pequeña y dormilona cigüeña. El sol abre los ojos de nuestra heroína. Aquí comienza la grandiosa historia de Calamidad.

—Mami... El desayuno...

—Anda, quítate el camisón. Una ducha de sales te vendrá bien, cariño.

—No, no, no. Tengo sueño. Un grano de café y a la cama...

—Mira, Calamidad, nunca llegarás a nada. Acuérdate de tu tío Henry, campeón mundial de niños en París. Desde él, los niños sólo vienen de París.

—Paparruchas, el lunático de Henry de Guy, nuestro tío superchiflado que opina que la tortilla francesa es mejor que la española, que Maxim's aventaja a El Bulli, que las ancas de rana son mejores que el rabo de toro y que Zinédine Zidane supera a Emilio Butragueño. Yo prefiero a mi tío Fernando, que me da gaseosa de limón de su precioso limonero.

—Calamidad, he de decirte una cosa.

—¿Qué, mamá?

—Dios dispuso en el libro de la vida que tú eras la elegida para llevar un bebé a Luxemburgo. Allí consta, en el quinto capítulo, versículo noveno, que la cigüeña nº 1975 del pueblo más dislocado de Jaén eligiera, en la Fábrica de niños, bebés y angelitos de Dios, S.A., el bebé de un apuesto holandés y una bella señorita española, llamada Alejandra Manzano.

—No, no. Paso de malos rollos. Hablando de rollos, no tengo papel, lo gasté tirando avioncitos desde la torre. Mamá, papel.

—Hija mía, eres un desastre. No quieres ganar el cielo. Lucirás unas bellas alas negras con pintas púrpuras, el honor de las cigüeñas héroes. No te acuerdas de la Barona Pom Pistofen. Una gran heroína.

—Pom... Pom... Ya he tirado de la cadena. Pom Pistofen era una loca de atar. Además, yo nunca he pisado tierra extraña. Madrid, París, Luxemburgo en tren, pase, pero volando con mis alas ni lo sueñes. Jamás he hecho viajes tan largos, acuérdate de que no he pisado nada más lejano que Guarromán.

Mamá cigüeña lloró.

—Lo que me haces sufrir, hija mía. Además fumas. He encontrado entre tu ropa un paquete de cigarrillos.

—Sólo he fumado dos. Perdona, mamá. Me arreglo. Me pongo mona. Salgo volando hasta el Molino de Viento a entrenar. Mi viaje durará nueve meses. A ver si hago la proeza de llegar a Luxemburgo con un bebé con el culo al aire. Espero que no haga frío por esas tierras.

Toc. Toc.

—¿Es la fábrica de angelitos de Dios?

—Adelante.

Una vieja cigüeña con la nariz aguileña empieza a dar leña.

—¡Qué bonito pareado! —pensó Calamidad.

—Aquí tiene: un bracito, un dedito, unos ojitos. Métalo en la máquina. Tendrá un bonito bebé. Facture la colonia, los pañales y un biberón. Entrénese cada día con una muñeca volando algunos kilómetros. Tengo la certeza de que la victoria es suya, señorita Calamidad.

Calamidad era bastante torpe, lenta, un poco atolondrada, siempre con ganas de dormir. Soñando con hazañas impensables, dormitaba en ese bonito torreón que sin ella saberlo se convertiría en un pedazo de historia del mundo de las aves. Cigüeñas, cuervos, pájaros, palomas, convertirían el torreón en un santuario de una gran historia heroica.

Calamidad se apuntó al gimnasio. Al cabo de tres meses volaba como un águila.

Dios habló con San Pedro.

—Calamidad lo conseguirá —dijo San Pedro.

—Te aseguro que, en el día señalado para el alumbramiento, Alejandra tendrá un precioso bebé.

La familia Calamidad estaba orgullosa con la elección de Dios. Calamidad era perezosa pero bastante astuta para tal empresa. Puso un bracito, luego otro, unos ojitos preciosos, su culito al aire, y al cielo se lanzó pasando Zaragoza, los Pirineos, París. Aquí se paró para entregarle un paquete de aceite, morcilla y pericones al tío Henry.

—Tío Henry, ¿verdad que has llevado miles de niños a sus madres? —dijo Calamidad.

—Claro que sí. Hasta unos tres mil.

—Fantasmón —pensó Calamidad—. Desde entonces se dice que los niños vienen de París —dijo.

—Efectivamente —gruñó el tío Henry mientras degustaba un pericón con un café.

Calamidad pensó superar a su tío Henry. Desde la Torre Eiffel saltó en parapente: un poco de entrenamiento para llegar al hospital de Luxemburgo. Calamidad desayunó un croissant y voló hasta la Catedral de Notre-Dame, donde entre pañales, lloros y unas pocas babas durmió al bebé hasta que pudiera dejarlo, entrando por la ventana del hospital, en brazos de su mamá, Alejandra.

Mamá cigüeña estaba orgullosa de su hija.

El día que nació el bebé, Calamidad entró en la habitación.

—¡Qué preciosidad! —dijo emocionada Alejandra.

—He volado miles de kilómetros para llegar. ¡Qué grande ha sido! De tu bebé se espera mucho. Bueno, Alejandra, aquí te quedas, cuatro pelos.

—Gracias, Calamidad.

—Me largo echando patas a mi torreón. Mi mamá me tiene un regalo preparado.

Calamidad se acercó a la estación de tren. Pensó que estaba tan cansada que cogería el primer tren que pasase. La pereza le llegaba hasta los tobillos. Bostezando, se quedó dormida en un banco de la estación; puso su gorra de aviador en el suelo; descansó.

—Mira, papá. Una cigüeña herida. Déjale algo de dinero.

Sacó el padre treinta euros; los puso sobre la gorra de aviador.

—Papá, ¿por qué no la llevamos al veterinario?

Al oír Calamidad la palabra veterinario dio un brinco de dos metros. Se acordaba de las grandes y dolorosas inyecciones de su infancia.

—¡A mí no me pilla el marrón!

Alzó las alas camino de La Carolina. En el viaje de vuelta, cuervos, pájaros, golondrinas aplaudían a Calamidad.

Calamidad, al llegar a su hogar, dio un beso muy fuerte a su mamá.

—Lo he conseguido.

—Hija mía, ¡qué orgullosa me siento!

—Perdona, mamá, he de ir al W.C. Tengo una diarrea de mil demonios. La comida francesa me ha sentado como un tiro.

Se bajó la falda y ¡cataplós!

—Jozú, ¿desde cuándo la lluvia es marrón? —dijo un borracho—. ¡Qué olor a mierda! —se tapó la nariz. Y se durmió en un banco del parque.

—Mamá me tienes que curar esta herida. Sangré al toparme con un semáforo en Luxemburgo. Además aprendí que la sangre sabe a calimocho con un cierto gusto a *ketchup*.

—Toma una tirita.

Una gota de sangre cayó desde el campanario.

—Jozú, ¿desde cuándo la lluvia es roja? —dijo el borracho—. ¡Menuda tajada de calimocho he cogido!

Mamá cigüeña lloraba de emoción. Su hija del alma había conseguido su misión. Bajó a la peluquería y, entre rulo y rulo, les contaba a sus vecinas la gran gesta de su niña Calamidad. Las vecinas miraban con cierta envidia a mamá cigüeña. Esto le causó más felicidad. Sacó del monedero la foto de Calamidad y la besó.

Desde que el tío Henry se jubiló, los niños vienen de La Carolina en el regazo de la cigüeña Calamidad, con un pan bajo el brazo, unas aceitunas de aperitivo y un poco de morcilla de Pucherete.

Calamidad miró sus alas negras con pintas púrpuras. Alzó la mirada al cielo.

—Gracias, Señor.

Y se recostó en su paja del torreón, cayendo en un profundo sueño.

Una ilusión en pañales empieza.

La serpiente Echidna

Guardo grato recuerdo de mi buen amigo Edmundo Salvatore, al que conocí durante mi estancia en la Universidad de Roma. Jamás he conocido a un hombre tan vital. Nunca he fomentado la camaradería con nadie debido a mi ensimismamiento en el estudio de la lengua latina. Me arrepiento profundamente de haber pasado horas en la biblioteca sin el más mínimo contacto con el mundo. Aferrado a los libros, traduciendo a Julio César, Cicerón y Horacio, empeñado en desentrañar una lengua muerta, sepultaba mi alma en esos gruesos libros sin hallar consuelo en la fraternidad de buenos amigos. Edmundo era un camarada, un compañero, y hasta más que un hermano. Juro por el Altísimo que si tuviera que ofrecer mi vida en holocausto sería sólo por Edmundo, al que estimo tanto que me produce llanto estar lejos de él.

Recuerdo cuando en su apartamento fumábamos pitillos de hebras. Bebíamos un exquisito vino francés y, acompañados por su mascota Echidna, charlábamos en grata comunión. Me producía un poco de temor su mascota, una serpiente pitón encerrada en una jaula metálica. Edmundo la agarraba como si de un animal doméstico se tratase. En cierta ocasión, me la acercó. Me dio terror. Edmundo afirmaba que era tan inofensiva como una cándida paloma.

Un día sonó una campanada en el reloj de pared: era la una de la madrugada. Echidna se ocultó en la jaula, retorciéndose. Edmundo miró las manecillas del reloj, la hora justa: ni las dos, ni las tres, la una en punto. Edmundo sonrió.

—No es la hora.

—¿De qué hora me hablas? —pregunté.

—Es una encantadora promesa. Tómalo como un secreto —dijo Edmundo.

Otro día visitamos las catacumbas de Santa Domitila. Una escalera bajaba a la gruta. Allí sentí el olor más nauseabundo que jamás había olido. Edmundo permanecía mudo. Con la mirada perdida en los sarcófagos de mártires cristianos, me dio una palmada en la espalda. Con premura salimos pues debíamos llegar antes del atardecer a la ciudad de Milán. Al salir de las catacumbas, Edmundo cruzó sus dedos mirándome de un modo peculiar. Sentí que sus ojos se acercaban a los míos con cierto aire de familiaridad.

—¿Acaso no es ya la hora? —dijo Edmundo.

—Para Milán, ¿no? —afirmé.

—No me refería al viaje —se río Edmundo.

—¿Entonces? —dije perplejo.

—Es una bonita sorpresa —afirmó Edmundo.

Me sonrió y me eché a reír. Edmundo solía guardarse sorpresas agradables que me fascinaban. Alzó sus manos y me las puso en los ojos. Me dio una vuelta.

—Te lo voy a mostrar —rió Edmundo—. Abre los ojos.

Ante mí, un lujoso ferrari de color rojo. En nuestro viaje a Milán, conocí la pasión de Edmundo por la velocidad. El viaje fue breve, aunque con Edmundo la estancia se hizo maravillosamente agradable. Después del viaje le propuse ir a Turín o a Venecia.

—Avanti! —dijo Edmundo.

—¿Turín o Venecia? —pregunté sonriendo.

—No se puede estar en todas partes. Eso sólo es propio de la Divinidad —dijo Edmundo.

Al final, acabamos en Turín. Pasamos cuatro días en un motel.

Mi estancia en Roma fue corta, el tiempo que me llevó recopilar datos para mi tesina sobre «Defensa y fortificación en Las Galias». Mi estudio fue riguroso pues de ello dependía mi trabajo de años en la facultad. Cuántos recuerdos de Roma: mis libros, códices y legajos en la fría biblioteca; mis gafas, mi escritorio, la luz de un flexo y mi pluma; mis paseos por el parque con Edmundo.

Nos refugiábamos en su apartamento. Charlábamos hasta altas horas de la madrugada, fumando innumerables cigarrillos.

Un día, Echidna estaba tumbada en una alfombra. Edmundo la acariciaba como a un bebé. La había sacado de la jaula para mostrármela. La acercó a mi cuello.

—Tengo miedo. ¡Apártala!

—No te preocupes. Es mansa como un cordero.

Echidna se escabulló. Se coló por la puerta de la jaula. Me sentí mejor. Lo único que no me agradaba de Edmundo era su mascota. Aunque estuviera domesticada, no cabía duda de que era un animal peligroso. Desde la jaula sus ojos se clavaban en los míos.

—No es la hora.

—¿La hora de qué? —dije.

—Pues la hora de brindar.

Alzando los brazos, me tendió una copa de vino. Edmundo era exquisitamente cordial, al límite de la generosidad.

—Un brindis, ¡por Roma! —dijo Edmundo. Un cigarrillo le colgaba de la comisura de los labios.

—Chin, chin, ¡por el Imperio romano! —afirmé paladeando la copa de vino.

—Así sea —dijo.

Me hizo conocer el amor. Intimamos con algunas mujeres en nuestros viajes: algunas chicas milanesas; Elga; en Turín, la bella Lidia y, en un burdel de mala muerte, Ingrid, la polaca. Edmundo encontró a su pareja, Verna, en el motel de Turín.

Mi buen amigo me descubrió lo fascinante del mundo, su belleza, su pasión. Cuando llegaban sus cartas y presentes por Navidad, me alegraban tanto que me daba la sensación de hallarme delante de él, con su sonrisa, su copa de vino y su pitillera de fino tabaco de hebras. Tengo un montón de recuerdos y una fotografía de Edmundo en mi cuarto de estar, una caja de vino y cartas amarillas en un arcón. Siempre me enviaba una caja de vino francés en Navidad con una tarjeta: «Tu buen amigo, que no te olvida».

Yo descubrí una vida desconocida con Edmundo. No sólo existían Nerón, César y el Imperio romano, sino que, lejos de la biblioteca, había un mundo a nuestros pies.

Acostumbro a leer sus cartas, sin poder reprimir las lágrimas. Miro su fotografía; mi gran amigo Edmundo Salvatore.

No pude dejar de llorar cuando recibí la carta de Verna. Mi cuerpo tembló al conocer el fallecimiento de Edmundo. Lloré tumbado en mi cama, hecho un guiñapo, las mejillas salpicadas de lágrimas, pálida la cara, un sudor frío recorrió mi espalda: mi mejor amigo, mi hermano del alma, muerto. No podía creerlo.

Amigo Eduardo:

Mi fiel amante falleció en Roma en un accidente de circulación. Su pasión por su ferrari le ha arrebatado la vida que tanto amaba, su frenética existencia, su pulsión vital. A mí me quedan su amor, sus besos y su pasión. A ti, su fiel recuerdo, sus fotos, las locuras con Ingrid, los besos con Lidia, tu amor por Elga. Así debes recordarle, con su pitillo de hebras en los labios, su amena charla, su bondad para contigo. Nunca jamás olvides a Edmundo.

Verna *Turín, 5 de diciembre de 1996.*

Releí todas sus cartas. Contemplé su fotografía toda la noche. Había perdido al mejor amigo de mi vida. Decidí bajar al sótano para buscar el Dom Pérignon de mi amigo. Saqué una botella y, llorando, empecé a beber. Enloquecido, bebí una botella tras otra. Rompí una mesa de un golpe. Lancé una blasfemia al cielo. Edmundo se había marchado para siempre.

Me miré en un espejo. Las lágrimas caían de mis mejillas. Me tomé la última botella. Tenía un repugnante sabor ácido. Entonces se deslizó una tarjeta sobre mi camisa. Supe al momento que era una tarjeta de Edmundo, pues siempre me felicitaba con todo cariño la Navidad. Llorando por la pérdida de mi amigo del alma, la leí:

Memento, homo, quia pulvis es
et in pulverem reverteris.

La puerta del sótano se cerró con fuerza. Peldaño a peldaño, subí las escaleras. Me dio un escalofrío que me obligó a sostenerme en la barandilla. Me asaltó la ilusión de haber vivido esta escena. Guardaba recuerdos similares. Un olor nauseabundo me vino a la memoria, un olor putrefacto de descomposición animal. Me acordé.

—¡Las catacumbas! ¡Cielo santo!

Seguí subiendo las escaleras del sótano, aterrado. La puerta estaba cerrada a cal y canto. Bajé apresuradamente. Leí el resto de la tarjeta con inmenso pánico.

Edmundo es mi nombre: el Diablo y el Mundo. Elga, Verna, Ingrid y Lidia son tus tentaciones y las letras iniciales de mi nombre: EVIL.

Me miré al espejo. Maldije a Edmundo.

—Miserable... Canalla inmunda...

Entonces, se reflejó en el espejo la serpiente Echidna, riendo como una hiena. Di un puñetazo al espejo y se partió en mil trozos. Me agarré a un armario. Cayeron varios libros, una lámpara y la Santa Biblia. Empecé a rezar. Las lágrimas se deslizaban por mi rostro. Abrí la Biblia al azar. Allí decía:

Velad en todo momento
pues no sabéis ni el día ni la hora.

Entonces un reloj dio una sola campanada. Mi última copa contenía el fuerte veneno mortal de una serpiente pitón que me arrojaba al abismo.

Al final logré conseguirlo

Al final logré conseguirlo. Dudé mucho. Me tembló el alma. Sentado una fría mañana en el parque al lado de un castaño, pasé tanto temor que parecía que sudaba sangre. Es el destino de los cobardes: arrepentirse en el último instante. El arrojo de los hombres retumbaba en mi cabeza. La Historia me señalaría en los libros como al conde Don Julián. Entonces, borbotones de lágrimas cubrieron mi rostro. Nunca imaginé que lo lograría. Del castaño cayó una hoja para secar mi llanto. Oculto tras el follaje me puse de rodillas pidiendo a todos los santos de la cristiandad que me dieran la última esperanza. Alcé mis brazos y di un empujón aún más fuerte. No bastó. Entonces, preso del pánico, me abracé al árbol agitándolo con tal fuerza que parecía un gorila en su jaula. Un hombre pasó a mi lado. Se burló como una hiena.

Me ruboricé. Mis mejillas enrojecieron. El periódico del día a mi lado, mi navaja afilada, mi deshonra en mi corazón. Unas hojas del diario volaron hacia el estanque. Elucubré mil formas para lograrlo. Mi adrenalina llegó al tope.

Entonces, enfurecido, arranqué una rama del árbol. Me puse detrás, miré de un lado a otro. Me armé de coraje, me arrodillé, alcé la navaja al cielo. Y me sentí con la fuerza de un titán. Ya podía conseguirlo. Me ennoblecí por un instante con el honor del samurái. Pensé en la gloria, en pasar el trago amargo de mis posteriores derrotas. Me sentía grande.

Un jardinero pasó. Me miró de reojo. Tiré la navaja al suelo. Lloré. Mi alma sentía pena de mi mismo. Era un maldito cobarde, un malnacido. Nunca pensé en pasar este duro trance. Arrugué el diario, lo froté contra mi cara. Maldije mi nombre.

A lo lejos, las barcas: el estanque del Parque del Retiro. El Ángel Caído me tentaba de nuevo. La estatua rió, como una mujer necia, como una canalla inmunda. La memoria me recordaba a Judas Iscariote. La cobardía hizo mella en mí.

Me agarré a la verja. Tirité de miedo. Aullé como un lobo. Me puse de pie. Me tembló la mano helada. Sobre una puerta de madera roída apoyé mi mano, la puerta cedió. Entonces me di un golpe contra un muro de piedra. Cogí la navaja. En el suelo, las hojas del diario. Tras levantarme del batacazo, me puse en cuclillas. Apreté, apreté.

—No puedo...

—No puedo...

—No puedo...

Di un portazo a la puerta. Escritas en ella, unas frases:

«Aquí el más cobarde hace fuerza y el más valiente se caga» — «Fuck» — «Hijo de perra»

Entonces un palomino descendió por mis pantalones. Salí digno del W.C.

Mi deshonra caía por mis rodillas. El estanque, a lo lejos. El mal trago había pasado. Cogí la navaja para pelar la mandarina. Me limpié con una hoja del periódico. El jardinero a lo lejos rió. La estatua del Ángel Caído rió.

Lleno de orgullo, al final logré conseguirlo. Y grité:

—¡Por fin, mierda!

Historia de un monigote

9 de abril — ¡Qué día tan triste! Las nubes grises encapotan el cielo y desde el ventanuco de mi buhardilla veo unos pajarillos mudar de ambiente. Una ligera llovizna forma un vaho en los cristales azules y me entretengo con el dedo índice dibujando un monigote.

Ayer sí fue un día desolador. Estuve en una taberna bebiendo una jarra bien fría de cerveza negra y pasé de la melancolía a los recuerdos de mi infancia. ¡Maldito aburrimiento!

Hoy estoy triste. He tenido una terrible pesadilla y de súbito me he levantado de la litera. He tomado un café solo, he buscado mi pipa inglesa y he fumado incansablemente intentando olvidar el día de ayer.

La cigüeña del campanario me muestra una sonrisa burlona. Me invade la nostalgia pues cuando era niño le disparaba bolitas de papel con mi tirachinas. ¡Qué tiempos! Ya no volverán jamás.

Veo el monigote en el cristal y le pinto una sonrisa abierta. Pienso que él sí es feliz. No tiene problemas, dura lo que duran las gotas de agua: un brevísimo instante. Me divierte hacer carreras con las gotas que caen por el cristal, las muevo, de izquierda a derecha; así paso la mañana. El monigote me mira, con esos ojitos que son dos puntitos redondeados. Está derritiéndose un poquito y le vuelvo a dar unos retoques para formarlo. Así está mejor. Es feliz; envidio su fortuna. Yo, en cambio, me deprimo con frecuencia. Paso los días solo pintando en mi buhardilla cuadros que nadie me compra. Tengo el cuarto cubierto de bellos paisajes y retratos.

He pensado hacer un retrato a mi amigo el monigote. Cojo una cuartilla de dibujo y con un lápiz rojo formo su silueta, le pinto unos ojitos y una sonriente boquita de piñón. Lo he bautizado con el nombre de Primavera. Creo que cuando deje de llover voy a perder mi amistad con mi monigote. Se irá difuminando, pero me cabe la esperanza de tener un dibujito suyo a colores. Una ráfaga de lluvia cae en el ventanuco de la buhardilla y borra el monigote. Lloro. He perdido a mi único amigo. La lluvia cesa y el sol parece vislumbrarse entre las nubes. Entonces recuerdo con triste nostalgia a mi monigote Primavera y lo veo dibujado en mi cuartilla. Otro día, cuando la lluvia sea leve, quizás vuelva mi amigo. Me consuela pensar que ha marchado a lejanas tierras, como los pajarillos. Algún día más alegre quizás Primavera esté de regreso en casa. Quizás por Navidad...

El ascensor

Hace cinco días que llevo encerrado en el ascensor. Es lo peor que le puede pasar a un hombre con claustrofobia aguda, como ser enterrado en vida. Mi angustia los primeros días era horripilante. Daba bastonazos contra la pared, arrojaba el sombrero al suelo, tocaba todos los botones. Me desgañitaba para que alguien me escuchara, pero no había respuesta. Cinco días oliendo a orines y defecaciones. Nadie en el edificio escuchó mi llanto, mi dolor, mi terrible desesperación.

Lo único que oía eran unos pasos. Es una experiencia cruel.

Primer día:

Entro por la puerta del ascensor. Doy a un botón. Noto que no se mueve. Ya pienso que me he quedado encerrado en el elevador.

Segundo día:

Tengo hambre. Tengo sed. Mis músculos están agarrotados. Oigo pisadas por el pasillo. Grito, grito muy fuerte.

Tercer día:

Me viene a la mente la película «La Cabina». Empiezo a dar bastonazos. Alguien me tiene que escuchar.

Cuarto día:

Oigo pisadas. Grito.

Quinto día:

La puerta se abre. Me abrazo a un hombre llorando. Mi bastón blanco de ciego, roto en el suelo. El enfermero cierra la puerta. Un letrero: «Celda de reclusión».

—¿Cómo se le ha ocurrido entrar aquí? —dijo el enfermero.

—No veo…

—¡Cielo santo! Nadie a la fuerza quiere entrar, ¡y usted se tira días! Está usted de manicomio. Le acompaño a la puerta del ascensor. Baje a la calle, hace un día hermoso.

—¡Enfermero! ¡Enfermero! Rápido, a urgencias —le reclaman.

Cogí mi sombrero. Di un paso. El enfermero cerró la puerta, distraído.

—¡Hasta luego! ¡Feliz día! —dije.

Al cerrarse la puerta se destacó en ella: «Celda de reclusión». Oigo unos pasos. La gente sale del ascensor, a un pie de la celda de castigo.

—¡No! ¡Dios mío, no!...

El crimen del vampiro

En uno de mis recientes viajes por tierras de Brasil, en Río de Janeiro, adquirí cierta afición a coleccionar piedras preciosas, que abundan mucho por las grandes minas y que son bastante apreciadas por los clientes de mi joyería. Unos, por superchería, compran estas piedras como simples talismanes, con el fin de conseguir dar un giro a sus vidas en la fortuna; otros, con la sana intención de poseer piedras de gran belleza.

Los primeros se entusiasman por las esmeraldas, los cuarzos y los rubíes, que, según dicen, ahuyentan la mala suerte por su poder magnético, y los otros compran topacios y piedras de jade para embellecer su cuerpo.

No dudo de que estas piedras desprendan cierta energía que pueda servir de bálsamo para algunas dolencias, pero de aquí a que influyan positivamente en la suerte de las gentes va un abismo.

Muchos charlatanes afirman que una piedra preciosa como el rubí puede cambiar el destino negativo de algunas personas y que las esmeraldas pueden mejorar los negocios y asuntos de dinero.

Cierto día, se acercó a mi joyería un hombre joven, de talla alta, delgado, con pómulos salientes y cara enjuta. Entró envuelto en una capa azul marino, con sombrero de copa y un bastón de puño de plata.

Me pidió un cuarzo blanco. Yo no comprendía la urgencia con que me lo pedía, pero se excusó diciéndome que lo necesitaba para una exposición de minerales. Pues bien, yo le mostré varios de la colección y cogió el más picudo, pues era el que más le gustaba.

A la mañana siguiente apareció un mendigo con un cuarzo blanco incrustado en el corazón. Yo me alarmé. En los meses siguientes se descubrieron trece cadáveres con un cuarzo blanco clavado en el corazón.

Decidí avisar a la policía y dar la descripción del joven que hacía unos meses había venido a mi joyería, no fuera que la influencia de las piedras preciosas me destinara a la cárcel, puesto que yo poseía los mejores cuarzos del país y la policía podía sospechar de mí.

La policía me detuvo y me condenaron por los crímenes. Ahora, ciertamente, no dudo de que el cuarzo trae mala suerte y de que algunas piedras preciosas influyen en la vida de las personas.

Carolus Rex

Llovía en la Puerta del Sol de Madrid. Dieron las dos de la madrugada en el reloj con un par de campanadas que sonaron a redoble de un tambor casi mágico. Juraría que jamás oí un repicar semejante; algo de encantamiento encerraba ese pendular giro de campanas que me hizo estremecer, despertándome de un letargo de años. Bajé del caballo, aún profundamente dormido en el arcano de una época pasada, y, abriendo mis ojos como una lechuza, pude contemplar las reminiscencias de un tiempo fenecido, con la segura certeza de mi propia muerte. Un mundo singular se mostraba a mis ojos y, con la fe puesta en mi fantástica nueva realidad, paseé con mi capa por Madrid, recordando el pasado y refugiándome en las calles sin ser visto por nadie, pues no deseaba asustar con mi peluca, mi traje y mi capa del siglo XVIII. Como espectro fantasmagórico hubiera alarmado al pueblo de Madrid y mi honra como el mejor alcalde de la Villa y Corte se esfumaría en un abrir y cerrar de ojos: unos ojos fascinados por el maravilloso Madrid que se me mostraba a la vista.

Lleno de recuerdos, agotado por el largo caminar, me senté en un banco de madera en el Parque del Retiro. Todo era nuevo, pero el espíritu castizo del madrileño de a pie permanecía. En la lejanía divisé la Puerta de Alcalá y me brillaron los ojos como nunca.

De regreso, sin toparme con nadie en mi camino, monté en mi caballo, me calcé los zapatos, atusé mi peluca blanca, me abrigué con mi capa de terciopelo negro y, sumiéndome en el profundo sueño del que ningún mortal despertará jamás, me fundí en el molde de bronce desde el que mi esbelta figura contempla el pasado, el presente y el futuro de una noble ciudad.

El enano

En el año de que hablo, el cardiólogo Christiaan Neethling Barnard, famoso por sus trasplantes de corazón en animales, operaba a un hombre de una treintena de años que padecía enanismo para darle el corazón sano de un orangután del zoológico de Ciudad del Cabo. El cirujano había sido el primero, en diciembre de 1967, en realizar esta técnica médica en la persona de Louis Washkansky, quien falleció a los dieciocho días. Al poco tiempo, la practicó en Philip Blaiberg. Pese a que éste tan sólo duró diecinueve meses, fue un éxito científico de una naturaleza extraordinaria. En la mesa de operaciones, tumbado, el cuerpo de un hombre de un metro diez centímetros. El bisturí se desplazaba por su frágil corazón, que latía con la lentitud de algo que se esfuma. En una caja de acero, el corazón de un orangután daba golpes de una inusitada bestialidad. Parecía que el enano marchaba del mundo pues sus latidos eran tan débiles como sus fuerzas. El cardiólogo se dispuso a implantarle el corazón del orangután. La peligrosidad de la intervención era manifiesta, pero al final fue un auténtico éxito. El enano salió en perfectas condiciones pero seguía estando entre la espada y la pared, pues larga vida no esperaba.

La prensa internacional se hizo eco de la operación: «Nuevo éxito del doctor Barnard». Los elogios eran incesantes; no cabía mayor logro. Al cabo de cinco meses, el paciente podía llevar una vida completamente normal, si bien necesitaba continua vigilancia pues el corazón, aunque fuera el de un orangután, le podía fallar.

John Louis miraba su cuerpo diminuto en el espejo, su porte frágil, su bigote ridículo. Se encargaba de una librería en Johannesburgo, apilando libros en los estantes con una escalera. Daba gracias al cielo de su inmensa fortuna. No estaría en este mundo sin el fuerte corazón de un animal que fue sacrificado para darle la vida. Se hallaba enormemente agradecido. Cada día practicaba un poco de ejercicio frente al espejo de su apartamento, mirando por la ventana. Su gimnasia era lenta, débil. Sus pasos tan diminutos como su cuerpo, un cuerpo deforme por el enanismo. Muchas veces las burlas de los niños del parque cercano a su casa le hacían más daño que su propia desgracia.

—¡Enano! ¡Enano!

Lloraba por las burlas crueles y a veces deseaba estar muerto. En su cama las lágrimas mojaban su almohada. Nunca en su corta existencia había dañado a nadie. Su trabajo, sus amigos y su familia eran parte de su alma. Su inmensa cruz la llevaba con una dignidad que más de un santo desearía para sí. Al acercarse al balcón los niños le gritaban:

—¡Enano! ¡Enano!

Un día, en el parque, sentado al pie de una estatua, daba trocitos de pan a unas palomas. Al fondo, en un banco, unos chicos de unos veinte años reían. Sus burlas los encanallaban cada vez más. Discutían acaloradamente quién se acercaba al enano y le daba un golpe en la cara.

—¿Quién le pone el cascabel al gato? —rió uno.

—¡Enano! ¡Enano! —dijo otro.

Uno de ellos se acercó y, burlándose, lo golpeó en el rostro. El enano se sentía impotente, tan frágil como el cristal. Se acurrucó a los pies de la estatua. Entonces una jauría de jóvenes lo golpeaba por todo el cuerpo. El enano lloraba pidiendo que le dejaran en paz. Un golpe contundente le hizo sangrar por la cabeza.

—¡Maldito enano!

Casi desfallecido, se puso en pie como pudo. La rabia le sacudía. Agarró del cuello a uno, retorciéndoselo hasta partirlo por la mitad. Enfurecido sajó el esternón a otro. Sacó los ojos de sus órbitas a todos. La ira se cebó aún más en él y los estrujó a todos con la fuerza de un titán. Exprimió sus cuerpos hasta desangrarlos y los despellejó con la bestialidad de un animal. Una furia incontenible se apodero de él. Le hizo perder el juicio. Se desangraba a los pies de la estatua. Fulminado en el suelo gemía:

—¡Agg! ¡Augh! —mascullaba como un gorila.

El enano moría acurrucado, como un orangután en su jaula de hierro, las manos en el pecho, los ojos rojos de furia incontenible, lleno de sangre. Emitía sonidos guturales como un animal. Un cuerpo diminuto agonizaba bajo la estatua, con la fragilidad de una margarita, con la debilidad de una hoja que cae de un árbol.

—¡Aggg! ¡Auhh! ¡Auhh!...

El enano murió un 17 de junio.

El ladrón de guante blanco

Hace ya años que me retiré de mi actividad como mayor enemigo de lo ajeno. El robo por el robo me causaba en la infancia un placer tan exquisito que, aficionado a la cleptomanía, me complacía planeando grandes operaciones. Disfrutaba del elemento sorpresa, que me embriagaba hasta el punto de que pasaba noches en vela preparando un fuerte golpe y recreándome hasta en el más mínimo detalle para hacer de mis robos acciones de guante blanco. Mi mente funcionaba con la precisión de un reloj de cuarzo. Yo elaboraba planos, esquemas, y daba explicaciones a mis compinches, que generalmente eran mis cuatro primos y, cuando necesitábamos de más personas para el gran golpe, algún que otro amigo.

Recuerdo mucho ahora, ya contando la treintena, aquellas picardías de mi niñez: abrir cabinas telefónicas, robar con ganzúa alguna casa, subir al mostrador de un estanco para llevarnos cartones de tabaco, estafar al de las máquinas recreativas, abriendo la máquina *pin-ball* para anotarnos una docena de partidas, y uno de nuestros mejores golpes: el gran robo a la huevería. Era un plan perfecto. Uno entretendría a la mujer en la puerta de su casa. En la esquina me darían la señal para entrar rápidamente por el jardín, abrir el cajón de los billetes y coger un gran manojo. Luego, como alma que lleva el diablo, saldríamos disparados hasta nuestras casas. Robábamos en las casas cachivaches, en los coches mecheros y cintas de música, en los bares botellas de licor para los cubalibres que nos tomábamos mientras jugábamos al póquer y en los supermercados tabaco.

Recuerdo un plan que funcionó mal. Tuve que salir por piernas de una ferretería con algo que había robado y que ahora mismo no caigo en lo que era. Con el inmenso calor del verano, un viejecillo con Parkinson casi me alcanza, siendo yo un zagal de doce años. Disparado, salí pitando con mis botas camperas hasta la altura del cementerio, dejando el objeto robado en el suelo para que el viejo me dejara en paz, pues ya casi me alcanzaba. Me decía: «¡Ladrón! ¡Devuélvemelo!». Desistí y lo dejé en el suelo cuando estaba a punto de darme alcance.

Muchos años hemos recordado en las vacaciones estos golpes y los hemos contado a los conocidos. Ya mayores, los contamos a nuestras familias, que antes nos castigaban y ahora toman a chanza estos robos. Una vez, un tío mío, refiriéndose en tono de burla a esa época, dijo: «¿Os acordáis de la invasión de los bárbaros?». Y todos nos echamos a reír. Robaba manzanas en el mercado, nísperos, botellas de coca-cola y mucho tabaco para fumar.

Cuando recuerdo estas cosas, me río a carcajada limpia, pero ahora trato de hacer memoria y no recuerdo qué objeto le robé al viejo de la ferretería. El pobre hombre ya murió, aunque llegó casi a los noventa años. No lo recuerdo, pero lo tengo en la punta de la lengua.

Mi primo me decía: «Siempre robos de guante blanco, no chapuzas», y me echaba a reír. El tabaco nos salía gratis; el alcohol, lo mismo; la música de las cintas, también. ¿Qué más podíamos soñar mientras nos jugábamos la paga de los domingos en el póquer o a las siete y media? Robábamos de todo y todo nos complacía.

Un día, ya mayores, mi primo entró conmigo en la ferretería y una señora muy simpática nos preguntó qué queríamos. Mi primo le dijo que quería comprar un ladrón con dos enchufes. Entonces a mí se me iluminó el seso y recordé lo robado hacía años:

—Quiero un ladrón con dos enchufes.

—Mire, éste son 1.040.

—Me lo llevo —dijo mi primo.

Le susurré al oído que me parecía un latrocinio.

—¿Tienen linternitas pequeñas? —pregunté.

—Sí, ahora se las muestro.

—Envuélvame el ladrón. Oye, ¿tienes las cuarenta pesetas sueltas? —me dice mi primo.

—Sí, toma. Echa el resto de estas cien pesetas en el bote de ayuda humanitaria a Mozambique.

—Les muestro las linternas pequeñas.

—No, déjelo. Si no, venimos esta tarde. Muchas gracias.

—De nada, muy amables.

Y un alarido de ultratumba movió los tuétanos de un viejo, que maldecía en arameo. Mi primo y yo nos fuimos a casa con una sonrisa de oreja a oreja diciendo: «siempre de guante blanco». Y desde el sepulcro se alzó una voz: «HIJOS DE P...».

El ordenador

A principios de año encargué la instalación de internet en mi ordenador personal. Disfruto del mágico mundo de la red desde hace unos siete meses y mi ordenador se ha convertido en un dulce animal doméstico. Entretiene mis noches dejando que me adentre en un espacio lúdico en el que descargo las tensiones de la jornada. Mi pantalla es el mejor amigo que puedo tener.

El órgano de la Catedral de Notre-Dame

Bajando la solitaria calle de Saint-Esprit hasta la Catedral de Notre-Dame con los ojos empapados en lágrimas por tan irreparable pérdida, saqué de mi bolsillo un pañuelo para contener el llanto. Un ligero mareo me hizo temblar de pánico al escuchar el repicar de las campanas.

Metí el pañuelo bañado en lágrimas en el lado izquierdo de mi chaqueta. Aprisionando mi pecho, alcé la mirada al cielo y escuché el latido de mi machacado pulso cardíaco que susurraba con un golpe tras otro como el sonido de un tambor. El tañido de duelo en la ciudad me aceleró tanto el corazón que parecía crujirme como una nuez prisionera en un cascanueces y mi alma parecía dilatarse en mi pecho como un globo a punto de estallar por el fatídico fallecimiento.

Entonces no pude contenerme y alzando mi mirada a las nubes del cielo pronuncié la terrible palabra como un escupitajo a la cara: ¡Asesinos! La cólera contenida se estrelló contra los malnacidos que entre burlas hirientes ocultaban su horrenda implicación en el tremendo crimen. El ataúd negro recorría la ciudad y al llegar a la Plaza de Armas una banda de música rindió tributo al cuerpo muerto. La guardia ducal lanzó varias salvas de fusil. No recuerdo nada que causara tanto dolor en Luxemburgo como la aciaga muerte del organista de la Catedral que, con sus finas manos, tocaba el órgano de la iglesia como si se tratara de un ángel, glorificando a Dios con su música. Fue enterrado en el cementerio de la ciudad.

Del horrible crimen no he dicho nada. Lo torturaron hasta la muerte, le sajaron la nuez, le quitaron de un corte la campanilla, le partieron los dedos, le clavaron una estaca en el corazón y le quemaron con una antorcha de gasolina el rostro, partiéndole la cabeza contra su preciado órgano.

Nadie ha llorado su muerte tanto como se merecía. En el día de Navidad, el nuevo organista le rinde tributo tocando «El Mesías» de Händel sin dejar de regar con lágrimas las teclas del órgano y recuerda su composición favorita; el día de difuntos las gentes de la ciudad le llevan flores como entrañable recuerdo ante su tumba.

Por desgracia nunca dieron con sus abominables asesinos, pero por mi parte que en el infierno se pudran hasta ser consumidos por su maldad.

Tengo un retrato en mi habitación de mi compañero muerto, al que lloro todos los días. Su perfil tan bello, terriblemente quemado, su amable voz sajada para siempre, sus manos de compositor machacadas, su buen corazón partido con una estaca, pero unido al mío en un amor que la muerte no separa. No puedo expresar el asco que siento por sus asesinos. A un lado de su lecho, un órgano donde componía sus más bellas partituras, con sus lentes, el lapicero y un montón de cuartillas.

Me arrimé a su lecho, alcé los ojos al retrato y con un beso en la frente sellé para siempre mi amistad. Saqué el pañuelo de mi chaqueta y difuminándose en la seda blanca parecía dibujarse el rostro de mi amigo. El pañuelo reflejaba su rostro como el trozo de lino blanco con que la Verónica enjuagó el llanto del Hijo del Hombre.

Entonces el órgano de la Catedral de Notre-Dame sonó durante la noche entera con la música más bella que nadie pudiera imaginar. Algunos se asomaban a los balcones; otros, asustados, echaban a correr; otros predecían un milagro; otros, una resurrección. La música me llenó de infinito gozo.

En la Catedral parecía estrellarse la historia y, mirando a la bóveda, el Cristo alzó los ojos. Al latir de la música una lágrima se deslizó por sus mejillas. Alcé el retrato, lo besé y lo amé. Y una amapola roja floreció en la tumba de negro caoba. De la chaqueta saqué el pañuelo y entonces mi pena se extendió como un reguero de pólvora. Un órgano tocó música celestial y una lila morada despuntó en la tierra afirmando los huesos de mi amigo muerto al ataúd. Brotó de raíz como una flor un amor tan fuerte e imperecedero que nadie jamás podrá mancillar.

El Origami

El arte de la papiroflexia tiene dos leyes irrefutables: una única hoja de papel y ningún corte o rasguño. Mediante dobleces, puntas, redondeos, se conforma una figura que parece estar dotada de vida en los hábiles dedos de su creador. Popularizada en el período Muromachi del Japón, esta técnica cuenta con al menos diez siglos de antigüedad. La mente del creador crea y modela figuras amenazantes en forma de tenaza, cabezas de pájaro, picos afilados, destellos de colores. Así, pasan por sus manos, que se convierten en poderosa máquina de creación, grullas, saltamontes, mantis religiosas, rinocerontes...

El origami es mezcla de geometría, paciencia e imaginación. La papiroflexia es el arte del papel: de una hoja de papel crea la más imaginativa figura, precise el tiempo que sea necesario. El que cuenta un cuento utiliza el mismo arte, sin romper las hojas crea un mundo de ficción que termina con un punto final. Así, gamos, serpientes de cascabel, monigotes, barcos de vela o liebres pasan por las manos del artista tanto en lo literario como en la papiroflexia.

Miguel de Unamuno era un apasionado amante del origami. Dentro de su mundo literario cabía la fascinación por las pajaritas de papel, las ranas saltarinas y las palomas al viento. Así, en su cátedra de griego en la Universidad de Salamanca se le podía ver absorto modelando una figura de papel.

Guillaume de Apollinaire, en sus caligramas, hace bellas figuras sobre el papel como la de «La paloma apuñalada y el surtidor».

En ella se representa una paloma que es como la típica pajarita de papel que Unamuno sostenía en su mesa, como la que un creador japonés crea en su despacho de Tokio, como la que forman las hojas de un cuento volando por la ventana después de modelar su punto final.

Todas tienen lo mismo: «alas para volar».

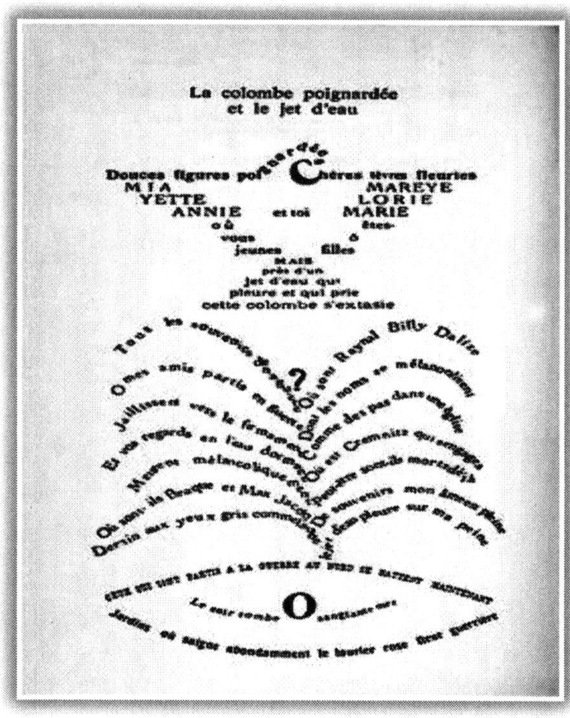

El colibrí

Me llamo Luis Parra. Vivo en una pequeña buhardilla en el Madrid de los Austrias. Quiero relatar un terrible acontecimiento que está sorbiéndome el seso, apoderándose de mi vida y que por desgracia me conduce a la más absoluta locura. El relato horripilante que empiezo puede herir la sensibilidad de muchos; tan descarnado es que me produce escalofríos. Me tiembla el pulso y mi alma se congela ante los últimos sucesos: espero el destino más cruel para mí. Ante todo, deténgase todo hombre pusilánime y no siga la lectura. Lo digo francamente: no continúes si tu aprensión es fuerte, pues el impacto te hará llorar como lo hago yo. Detén tu mirada, pero si tu curiosidad quiere jugarte una mala pasada, adéntrate en los sucesos que ocurrieron en mi buhardilla el 7 de enero del presente año.

Mi afición a la ornitología empezó en mi adolescencia. En la finca de mi abuelo, coleccionaba algunos pájaros. Me fui aficionando a su estudio hasta que se convirtió en un preciado pasatiempo. En unas jaulas de madera, en el pajar, tenía cinco pájaros. Eran para mí lo más valioso; absorbían mi existencia pero la hacían agradable.

A la muerte de mi abuelo, la finca se vendió. Me trasladé de mi pequeño pueblo a Madrid. Alquilé por un módico precio una buhardilla en el centro. Mi vida era tranquila; me dedicaba a pintar acuarelas, trabajar con esmaltes al fuego, y pasaba las noches en vela, leyendo. Me olvidé de mi afición a los pájaros hasta que un día funesto, el 7 de enero, me detuve en una pajarería al pasar por la Plaza Mayor. Me fascinó un colibrí que parecía deseoso de marcharse conmigo. No dudé en comprarlo. Adquirí una jaula de metal. Al llegar al apartamento puse encima de la mesa del recibidor a mi nuevo amigo. No tardé en bautizarlo con el nombre de Sky. Pensé que mi colibrí me haría compañía en mis ratos de soledad, en mis momentos de depresión.

Si tu curiosidad te sigue fustigando, no te obligo a parar de leer. Sin embargo, ni a lo más odiado por mí desearía tan mal trago. Te aconsejo que pares, medites y no sigas hasta el final del relato. Tiembla todo mi ser por tener que contar lo que me sucedió aquel día.

Me encontraba en la chimenea, removiendo unas ascuas, cuando un alarido me dio un golpe al corazón. Me asomé a la terraza, no había ni un alma en la calle. Al intentar regresar al piso, las puertas de la terraza estaban echadas con pestillo. Empecé a asustarme. Un alarido salía del apartamento.

Rompí el cristal. Entré en la buhardilla pensando que alguien se había colado en el piso. Al momento, se cerraron las puertas, la chimenea echaba fuego por la boca. Aterrado, cogí un bastón de madera. Me miré en el espejo: uno de mis dedos se había convertido en plumas de pájaro. Mi colibrí estaba en el hall, con una inmutabilidad impertinente. Me fui acercando a él con sigilo. Al cruzar la puerta, noté que mis pies se habían transfigurado en unas pequeñas patas de colibrí.

Fui al baño, mi cuerpo se descomponía. Aterrado, vomité. Mi pájaro parecía querer succionarme hasta mi propio espíritu. Arrojé el colibrí por la terraza. Se alejaba como apenado, pero lanzó un alarido horripilante.

Me preguntaba si la locura me acechaba. Me fui directamente al espejo. Era una copia calcada de mi mascota, Sky. Entonces sentí una fortísima herida en el pecho. Abrí mi camiseta, tenía una cicatriz en el corazón. Me pareció que mi pájaro salía del fondo de mi alma.

Aterrado, y preso de la locura, destrocé la buhardilla. Rompí el espejo. La sangre resbalaba en el parquet. Mi aspecto de pájaro me produjo tanto pánico que perdí el conocimiento. Caí fulminado en la cama.

Al amanecer, entre las sábanas, un colibrí descansaba en paz.

El perro viejo

Tras las puertas del cementerio, acurrucado en una esquina, se encontraba Tobías, un viejo mastín pulgoso que roía un hueso humano mientras se enfangaba en el barro. El sepulturero dormía en su caseta y los muertos también dormían su sueño eterno en sus tumbas. La luna era menguante y el cielo estaba cuajado de estrellas. No se oía ni un solo ruido. El perro viejo guardaba el cementerio de las continuas visitas de gamberros que destrozaban las lápidas y las cruces.

Esa noche, el perro estaba inquieto, receloso, como presagiando un fenómeno sobrenatural. Una banda de gamberros esperaba entrar en el cementerio para desenterrar a los muertos e invertir las cruces como si de una secta satánica se tratara. Los gamberros entraron por el portalón y el perro comenzó a ladrar. Entonces, de las tumbas salió un humo negro en forma de ser humano. Cundió el pánico entre los chicos, que sólo pensaban hacer una travesura. Multitud de cadáveres salieron de sus tumbas y se abalanzaron sobre ellos. Murieron todos, ni uno salió vivo. Los muertos volvieron a sus tumbas. Los cuerpos de los muchachos y del perro yacían cadáveres encima de las losas.

Al día siguiente nadie se podía explicar el terrible suceso. Se decretaron tres días de luto por los jóvenes, que fueron enterrados en el mismo cementerio. El sepulturero afirmó no haber oído nada el día de los crímenes.

Pasaron los años y nadie se atrevía a acercarse al campo santo por las noches. El martes 13 de febrero quedó como un día de duelo en el pueblo.

El Reino del Cíclope

En el Reino del Cíclope había paz, una paz de una era de mil años, según el movimiento oblicuo de su enorme ojo gris. Cuando giraba su ojo con fuerza enorme en torno a su rostro y posaba la mirada en la cara oculta de la luna, se cumplía una era de cien años. Cuando su ojo giraba hacia el sol, se cumplían mil años de paz. La era de cien años marcaba tiempos de guerra, oscuros y diabólicos para los habitantes del Reino, que se balanceaba colgado del dedo anular del Cíclope y contenía tres Estados independientes: el Estado libre de los enanos rojos, la estepa de los dragones y, el más insignificante, el Estado de los mil quinientos tres hombres libres.

Dos Estados luchaban en la era de los cien años, el de los enanos rojos contra el de los fieros dragones. Los enanos rojos debían su pequeña estatura a un proceso de selección natural: miraban hacia el suelo desde un ángulo del dedo anular, lo que impidió su desarrollo como hombres de estatura normal. Los dragones eran antiguos descendientes de centauros. Tenían su mismo porte, mitad hombre, mitad caballo, pero estaban asilvestrados y presentaban la fiereza de un dragón. Por eso eran conocidos como los dragones de fuego del Reino.

Los hombres libres, justamente mil quinientos tres, permanecían en paz en las dos eras, simples espectadores del batallar de los otros dos Estados. Gobernados por el general Aral, vivían plácidamente, trabajando sus tierras, y no eran molestados por nadie. Su único problema era el de tener que alimentar al Cíclope, día y noche; esto era lo único a que estaban sometidos. Si el gran ojo estaba satisfecho, les dejaba en paz; si no, hacía mover su dedo anular para atemorizarlos con fuerzas catastróficas de la naturaleza. Nunca fue sobrepasada la cifra de mil quinientos tres hombres, pues si eso ocurría, el Cíclope devoraba a la criatura en sacrificio a Zeus. Así era el destino de los hombres libres, únicos descendientes del género humano.

El gran mapa de los Estados fue dibujado por Tark, antiguo antepasado de una legendaria familia de hombres libres. En él se recoge la figura del Cíclope sosteniendo su Reino, pintado al detalle, y se describe hasta el paraje más recóndito del Reino. Tark escribió la historia de su pueblo en el libro «La raíz de mi patria». En él se narra la leyenda del Reino. Zeus, enfurecido por la codicia de los humanos y sus iniquidades, mandó al Cíclope arrasar con una tormenta de fuego la tierra. Éste obedeció y el planeta fue destruido en catorce días de llanto. Entonces Zeus se apiadó y mandó que parara la matanza.

Los hombres libres vivían en paz, alimentando al gran ojo. Como en el mito de la caverna de Platón, los hombres parecían sólo anclados en el mundo de las ideas, recordando en un profundo sueño su pasado. A nadie le podía ser revelado el gran secreto del libro de Tark. Como los oscuros y profundos problemas de la filosofía, como los pensamientos de Platón, Aristóteles o los presocráticos, el libro de Tark encerraba un misterio que algún día saldría a la luz al igual que los hombres del mito de la caverna.

—Así me explicó mi maestro Platón el mito de la caverna. Duerme, pequeño Alejandro. La profundidad de los sueños genera sabiduría.

Aristóteles cubrió su cuerpo, le entornó los ojos. Le dio un beso en la mejilla. Cerró la puerta y salió meditando de la habitación.

Alejandro empezó a soñar.

El Rey Mago del Oro

Hace miles de años, el viejo Rey Melchor miraba las estrellas y anotaba en sus mapas astrales cuál de aquellas luminosas lamparillas del firmamento era la más bella. Apreciaba su belleza por su semejanza con los cristales multicolores de un caleidoscopio dorado que le había regalado su padre, el antiguo Rey de Arabia, quien había tenido tanta potestad en la tierra de las palmeras, desiertos y oasis, como el padre Abraham para el pueblo israelita en tiempos lejanos.

El padre de Melchor había sido un hombre sabio con incalculables poderes mágicos. Conocía encantamientos y hechicerías y era erudito en todas las artes. En plena agonía en su mullida cama del palacio real, lloroso por no poder vencer a la muerte —pues todo lo que nace se acerca lentamente a la sepultura y ni tan siquiera su inefable sabiduría pudo descubrir el misterio insondable de la inmortalidad—, dio a su hijo un preciado regalo que ocultaba en un arcón.

—Algún día habrá vida eterna —le dijo.

Las lágrimas empañaron sus ojos azules, que se tornaron en siniestro negro azabache. Siniestra era también la tumba que le esperaba, aunque sus huesos fueran a descansar en un mausoleo recubierto del más preciado mármol y perfumado con rocío de la mañana. El padre del Rey Mago murió besando a su hijo y estrechándolo entre sus brazos. Su corazón de hombre bueno quedó oculto bajo una oscura lápida.

Rey de Arabia
Que el soberano del universo te dé
descanso y felicidad eterna.

El regalo era un misterio para el Rey Melchor pues no comprendía cómo un tubito de madera lleno de finos cristalitos encerraba tanto poder. Parecía torpeza de la vejez de su afamado padre o desvarío de locura senil, pero con su aparatito de madera miraba las estrellas del firmamento con la ilusión de cuando era un niño.

Violentamente sacudía el misterioso regalo intentando descubrir el grandioso poder que encerraba, pero desde el palacete más alto del más hermoso palacio, noche tras noche y día tras día, no lograba hallar nada que nadie hubiera visto jamás.

En compañía de Gaspar y Baltasar, antiguos amigos de travesuras en la niñez y compañeros de fatigas en los más prestigiosos colegios de Arabia, había aprendido todas las artes: alquimia, medicina, filosofía, idiomas, hechizos, encantamientos y casi todo el saber de la época.

Tercos y tozudos en averiguar el insondable misterio, construyeron dos tubitos de madera llenos de cristales azul turquesa, rojo rubí, verde esmeralda y preciado topacio, copia calcada del regalo del padre de Melchor.

Miraban el firmamento y decían:

—Es imposible descifrar el enigma. Las estrellas son parecidas, pero no iguales: las de la Osa Mayor, la Osa Menor, y las que cruzan fugaces por el cielo.

Baltasar, refunfuñando y dando una palmada a Gaspar, le dijo:

—Tan sabios y tan tontos, pero, como somos tan cabezotas, hallaremos el enigma.

Una fría noche salieron al mirador del palacio los tres Reyes Magos con sus juguetes de madera, que no eran ni más ni menos que los tubitos de cristales. Un fuerte rayo de luz sacudió las ventanas del palacio y tronchó las palmeras, secó el oasis e hizo saltar a los camellos asustados en sus cuadras.

—¿Has visto esa estrella, Melchor? —preguntó aturdido el negrito Baltasar.

—Me ha dado pánico —afirmó Gaspar.

—Nunca en mi vida he visto cosa tan grandiosa y luminosa —dijo Melchor.

Entonces vieron sorprendidos cómo los caleidoscopios se juntaban haciéndose uno solo, un poco más largo. Miraron a través de él y sólo vieron una luz blanca como la leche de las vacas, las ovejas y las camellas.

—Teníamos tres tubitos y hay sólo uno. Es inexplicable, enigmático. Y ni siquiera tiene colores rojos, azules y verdes. Es tan blanco el cristal como las sábanas de seda de nuestras camas y como el blanco de nuestros ojos.

Estaban tan asustados que se escondieron debajo de sus camas y, muertos de miedo, se dijeron que no cejarían en investigar el extraño suceso. A la mañana siguiente recurrieron a todos sus saberes astrológicos, sus conocimientos de alquimia, sus hechizos y sus mapas astrales. En el viejo arcón escondieron el caleidoscopio que, de manera misteriosa, se hacía más pequeño y más blanco.

—Te prometo que seguiremos esa estrella —dijo Baltasar.

—Sí —afirmó Melchor.

—Tenemos oro, riquezas, alimentos, frutas silvestres. Vivimos como reyes pues lo somos. Todo el Oriente es nuestro. ¿Por qué seguir con esto? Dejémonos de monsergas, de paparruchadas y de estrellas —objetó Gaspar.

Melchor, el más rico de ellos, se encolerizó, rasgó su traje real y se mesó las barbas.

—Partimos mañana haga frío o haya nieve, sol o lluvia, truenos o rayos. He de cumplir los deseos de mi padre, el Rey de Arabia, esté donde esté.

Baltasar mandó a sus pajes que dispusiesen los mejores camellos, los más robustos, para seguir la estrella. Gaspar ordenó acopiar alimentos para la travesía.

—Seguiremos hasta el final aun cuando ello nos acarreé la muerte —dijo Gaspar, ya convencido.

El viaje era largo. Pasarían meses o años, pero presentían en su humilde corazón que algo muy grande iba a ocurrir y confiaban en el padre de Melchor, que había sido un hombre bueno.

—El caleidoscopio nos dará la solución.

El Rey Mago del Oro abrió el arcón y guardó el caleidoscopio en una caja labrada de ébano. El tubito de colores, a lo largo del viaje, se hacía más pequeño y más blanco. La estrella, que brillaba con la fuerza de mil soles, les abría una puerta a la esperanza.

Los camellos estaban rotos de dolor pero había un brío en sus ojos que nunca habían tenido en las cuadras. Uno de ellos pereció en el camino. Los alimentos escaseaban y pagaron en diferentes países con oro y piedras preciosas todo lo que fuera necesario para seguir la estrella.

Melchor, cojeando un poco pues estaba fatigado, rompió a llorar amargamente cuando de la cajita labrada de ébano cayó a un riachuelo su caleidoscopio de madera. Era ya mayor y estaba ansioso por descubrir la verdad. La grandeza de su padre el Rey de Arabia parecía darle impulso y coraje. Agarró el tubito, que se iba haciendo cada vez más enano y más blanco.

—¡Basta! No llegaremos jamás —dijo Gaspar.

—Baltasar y Gaspar, os maldigo si os acobardáis —dijo Melchor.

Varios pajes desobedecieron y desertaron en la peregrinación.

Los tres Reyes se refugiaron en una casa de madera. Sus huesos estaban entumecidos, sus largas barbas ya no eran de reyes, sino de mendigos harapientos.

Llegaron al fin, siguiendo el curso de la estrella más bella que nadie haya visto jamás, a casa de un rey llamado Herodes, quien se mofó de la estúpida idea de seguir una estrella.

—¿Para qué sirven las estrellas? —dijo Herodes.

Herodes miró a los Reyes Magos y les escupió en la cara. Mandó a un soldado de Judea arrebatar a Melchor el regalo más preciado de su niñez.

Agarró Herodes el tubito de madera y miró a través de él y vio un color tan negro como el azabache, el carbón o una sórdida lápida negra, tan negro como la cara del Rey Baltasar. Herodes no durmió feliz esa noche. Sudó, tiritó, blasfemó.

Los tres Reyes Magos se vieron libres de ser ejecutados por el tirano y descansaron con unos pastores que dormitaban junto a sus ovejas. Hablaron de unas profecías muy antiguas que anunciaban un Salvador de la Humanidad: un Rey de Reyes. A pesar de su escasa cultura, la nobleza de sus almas entendía el mensaje de los magos de Oriente. Curioseaban con el tubito de madera, mientras se arrimaban a la lumbre y asaban un cordero. Con cariño, ofrecieron la leche de sus ovejas a los Reyes.

Melchor ya estaba desfallecido, pero su fuerza de voluntad y el recuerdo de su amado padre le ordenaban no dejarse vencer. Veían que todo saldría bien. Aunque estaban sucios, sus rostros eran limpios como el cristal y la fe que les guiaba. Los pastores les dieron su bendición, aconsejándoles que se refugiaran en un cobertizo en un pequeño establo de Belén de Judá.

El Rey Mago del Oro pensó que lo primero que haría sería dar al Salvador el lingote de oro que cargaba en su camello. Isaí, uno de los pajes más valientes, le daría su espada de cobre con la que se había defendido duramente en una batalla en los desiertos de Arabia. Baltasar le daría incienso para perfumar su bello cuerpo y Gaspar dudó entre darle oro, incienso o mirra pues pensó que lo merecía todo.

Se acercaron al establo y vieron a una linda mujer que daba calor a su hijo recién nacido entre la pestilencia de un buey y una mula, y a un joven honesto y bueno que se llamaba José.

—Melchor, hasta aquí nos ha guiado una estrella para ver este espantoso panorama.

—Maldigo mil y una veces a esa estrella y a ese tubo de madera. Todo es una estúpida fantasía de la senilidad de mi padre. ¡Tanto dolor para esto! ¡Tanta fatiga para ir a parar a un estercolero!

Lanzó el tubito de madera contra la hierba y el caleidoscopio se convirtió en tres, tres caleidoscopios como el Dios Padre, el Dios Hijo y el Dios Espíritu Santo. Tres tubitos blancos como el pan vivo bajado del cielo. Tres tubitos como Jesús, María y José.

Melchor rompió a llorar y miró su caleidoscopio por última vez: manantiales, fuentes, paisajes hermosos, su padre le sonreía y todas las razas, blancos, negros, amarillos, hombres de las diversas naciones y de toda condición alababan a la Santísima Trinidad en el País del Edén.

La güija

La niebla era tan intensa que la línea del horizonte se enganchaba en el cielo como una horquilla en un cabello negro. Las hojas del único árbol temblaban solitarias. Las alas de una libélula que descendía por una rama eran la única e imperceptible luz en la oscuridad de la noche. Una hoja resbaló como una lágrima. A lo lejos, una bandada de pájaros. Ni una estrella en el firmamento se dignaba a iluminar el suelo. Una piedra descansaba al lado del árbol con una paciencia de siglos. Un relámpago lloró. Y en el momento en que la luna se desnudaba para cubrir la noche, una voz sonó: «Tengo miedo». El suelo crujía de dolor como un ascua en un fogón. En los más profundos abismos de la tierra se escucharon las palabras. El cielo era testigo mudo. Entonces la capa de niebla se hizo tan espesa que hasta ocultó la noche. Una garganta gimió: «Tengo miedo».

Yo estaba allí.

Me dio un escalofrío que me tiritó el corazón. Los pájaros fueron testigos. Volaron aprisa como alma que lleva el diablo, dejando una estela negra como un tizón en el cielo. He olvidado la fecha. No tiene la más mínima importancia. Se grabaron en mis oídos las terribles palabras. Me despertaba con ellas. Mis sábanas soñaban con ellas. Yo pensé que si no hubiera pasado por aquel lugar mi mente estaría más lúcida. Me obsesioné tanto que me aficioné a lo paranormal. Estudié todo sobre ciencias ocultas. Acudí a sesiones espiritistas, conferencias, mesas redondas. Escribí hasta un tratado de esoterismo. Mi vida se tornó una pesadilla infernal. Como en sueños se repetían en mi mente las funestas palabras:

«Tengo miedo»

Aquella noche dibujó mi futura existencia. Hubiera pasado mi vida plácidamente como cualquier mortal, pero la locura empezó a teñir mi cerebro de oscuras telarañas. Hice amigos de lo más esperpéntico: médiums, gurús, alquimistas, brujos.

Marcado como a fuego por aquella noche, mis labios repetían: «Tengo miedo». La locura se cebaba en mí cada vez más. Harto de estar en mi residencia de París inundándome de licor, fui a descansar a la Bretaña, deseoso de olvidar para siempre jamás la noche más oscura de mi pasado, intentando librarme del lazo de la locura.

Desdichadamente me encontré en la recepción del hotel al famosísimo médium Dr. Less, que me saludó al reconocerme. Había asistido a una conferencia suya hacía dos años y medio. Nos tomamos un *gin-tonic* en un club cercano al hotel. Me dijo que si quería saber algo sobre los sucesos de la voz del diablo, tal como acontecieron, debía centrarme en la güija. Al cabo de dos días, le saludé de nuevo. Le pedí tener una sesión espiritista sobre la noche de ultratumba. Él aceptó. Subimos a mi habitación. Nos colocamos en una mesa, uno frente al otro. Extendió un papel de lino sobre un tapete azul marino. Las clásicas preguntas, el sí y el no, una fila de números, una vela muda y una copa de cristal.

—¡Espíritu, manifiéstate!

—Teng...

—¡Espíritu, manifiéstate!

—Tengo mi...

La sangre se me congeló. Mis huesos se calaron de terror.

Una copa de cristal se deslizaba por el papel de lino.

—Tengo miedo...

—¿Quién eres? —dijo el Dr. Less.

Un relámpago lloró. Una niebla se acercaba por la ventana.

—¿Quién eres? —insistió.

La copa estalló. Una figura humana se dibujaba en el aire. Una bandada de pájaros voló. Mi silueta era puro humo. Mi cuerpo se derretía como la cera. Mi cuerpo se hacía polvo negruzco.

Yo estaba allí.

El Dr. Less enloqueció. Fue recluido para siempre en el manicomio.

Bajo el árbol se puso la piedra de granito. Mi lápida.

Las profundas raíces del árbol escuchan desde el abismo:

«Tengo miedo»

Historia de Pif

Pif es tan pequeño como una canica. Pif es un muñeco de plastilina de color rojo. Su boca es una rayita sonriente, con dos pelitos en la cabeza y unas manos y pies muy chiquititos. Parece una bolita roja en los dedos de su amigo Carlitos. Es la mascota de la clase, salta, brinca, ríe, parece que no se cansa nunca de jugar. Pif fue concebido al azar y vino al mundo sin padres. Un día la maestra dijo que hicieran trabajos con la plastilina y Carlitos hizo a Pif con sus propios dedos. Desde entonces son amigos inseparables. Lo lleva en la cartera, encima de los libros, en un hombro, agarrado de una oreja, y Pif siempre está contento. Baila, salta, juega a esconderse debajo de los pupitres, sube las escaleras del colegio, juega al potro, a la guerra de caballos. Pif parece una pelotita roja en las manos de los niños.

Es cariñoso, suelta besos con una mano, y su boquita se abre como bostezando. Pif se alarga hasta parecer una lombriz de campo. Pif sólo conoce la felicidad, el amor de sus amigos, los juegos.

Es un muñeco divertido. Carlitos no se separa de su mascota. Pif ríe como un niño de dos años y de un brinco se encarama al sacapuntas. Juega entre los lápices, las reglas y los libros de caligrafía. Se pega a la mesa con un poquito de pegamento, alarga un brazo para lanzar un papel a la papelera, se esconde en el diccionario, se acerca a la ventana saludando con un dedo rojo.

Pif no conoce el mal. Es inocente. Tan simple. Es un poquito de plastilina roja con forma de niño pequeño. Es la mascota que todos los niños quieren tener. Tan sólo le falta hablar. Se desliza por un dedo como por un tobogán, en un puño parece estar montado en una noria y pegado a la nariz parece un moquito que se balancea.

Pif nació al azar. Todo lo que ocurre de importante en este mundo es cuestión de la fortuna, de un golpe de suerte. Pif es el juguete ideal. Siempre dispuesto a jugar con Carlitos y sus amigos. Con Javier lanza la tiza hasta el techo. Con Luis pinta con las ceras un bosque en una hoja. Pero su juego preferido es el escondite. Se esconde en los servicios, en el gimnasio, debajo de una cartera, detrás del borrador.

Pif mide sólo un centímetro. Es un poco rechoncho. Su sueño es poder hablar pero los muñecos de plastilina no hablan, hacen la voluntad de sus dueños, siempre movidos por el dedo de su mejor amigo.

Su nariz es un pizcajo de plastilina. Su boca, hecha con una aguja, es una sonrisa permanente. Su cabeza tiene dos pelitos. Se alarga como una goma. A veces parece un gusano entrando en un hoyo cuando se balancea en las manos de Carlitos. Parece una marioneta sin hilos. De un brinco hace el pino, la voltereta, se pone a hacer mil cabriolas. Pif nació sólo para el juego. Intenta hablar pero los muñecos no hablan. No tienen vida nada más que en los sueños o en las películas. A Pif le encanta Pinocho. Quiere ser real: un niño como los demás.

Un día, oculto entre una goma y un dibujo, vio venir un puño que se le abalanzaba con una fuerza enorme. Jaime lo quería destrozar de un golpe. Carlitos se abalanzó contra él pero fue derribado. Jaime era un niño muy malo. Pif lloraba en una esquina entre la goma y el dibujo. Trataba de esconderse, pero el puño se abalanzó sobre él con mucha fuerza.

Pif soltó una lágrima.

—¡Toma! Soy una apisonadora.

Carlitos lloraba en el pupitre. Recogió un trocito de plastilina roja y llevándoselo a los labios lo besó.

Alfa y Omega

Me impresiona la escritura automática, la literatura como máxima expresión de la belleza, los impulsos del subconsciente en frenética pasión sobre el papel. En el año 1916 se creó en Zúrich el movimiento «Dadá», con la más refinada extravagancia. La suerte hizo que al abrir el diccionario Larousse con un cortapapeles apareciera en la primera línea «Dada». Luego, al cabo de los años, surge el surrealismo, cuyo exponente más destacado es André Breton.

La vanguardia en la literatura siempre ha sido espejo de mis escritos: abandonarme encharcado en absenta junto a la chimenea y escribir en hojas lo primero que inspirara mi mente. Si no me agradaba, lo echaba al fuego. Y las hojas ardían.

Mi pasión llegó a ensimismarme hasta el delirio. En mi apartamento de Roma las noches se me hacían agradablemente eternas. Dormía escasamente unas dos horas justas de reloj, tumbado en un sofá. Al despertar escribía lo soñado. Algunas hojas las guardaba en un cofre de oro pues eran de tal belleza que parecía que alguien me guiaba en mi escritura al instante, como los latidos de mi corazón. Eran de tal calidad que me impresionaban a mí mismo, pero mucho de lo que escribía, como he afirmado antes, acababa presa de las llamas de la chimenea.

Alzaba la pluma estilográfica, bebía un poco de absenta y, mirando la hoja en blanco, la extendía. Daba rienda suelta a la imaginación como un caballo al galope. Sólo escribía una hoja, en algunas ocasiones dos, nunca más de tres.

Las horas pasaban en el reloj de pared. Roma había desaparecido para mí. Antes paseaba por sus calles, recorría sus plazas, salía a tomar café. Conocía la ciudad como la palma de mi mano. Hace años que dejé de hacer vida social.

Acudía a una tertulia de literatura hace tiempo. Se llamaba «La catacumba de los sueños». Allí dejé amigos de los que no he vuelto a saber nada y comenzó mi afición a la escritura, pero, al caer preso de la melancolía, me refugié en mi apartamento para prometerme que nunca jamás saldría de él. La soledad era uno de mis encantos. Si a alguien conocía era mi propia cara sobre el espejo.

Leía demasiado, frenéticamente; la literatura me apasionaba. Al calor de la chimenea, me calentaba. Apenas dormía. Me tumbaba en el sofá. Inspirado, luego escribía mis propios sueños.

Al cabo de los años, mi refinada escritura era de una calidad suprema. Nunca pensé que alcanzara escribiendo tan notable estilo. Estaba encantado con mis hábitos de escritura automática. Mi obsesión era delirante.

Un día, cogí un tomo de una librería del despacho. Yo estaba completamente encharcado en alcohol. Abrí el libro al azar con un cortapapeles, se leía la palabra «Arca». La anoté en una hoja. Me pareció gracioso el imitar al grupo «Dadá» y abrí el libro de nuevo. En la primera línea estaba escrita la palabra «Alianza».

Un sudor frío heló mi alma. Me tiritaban los huesos. «Arca de la Alianza» era una ruleta rusa demasiado peligrosa. Pensé que al que juega con pólvora le termina estallando en la cara. El reloj dio las tres en punto. Leí en un libro lo referente al «Arca de la Alianza»:

«Cajón portátil de madera cubierto de oro, con un querubín de alas extendidas a cada lado de la tapa dorada (el asiento de la misericordia). En la Biblia hebrea se la describe con muchas funciones sucesivas: contiene las dos tablas del Decálogo. Fue construida en tiempos de Moisés, llevada a la batalla en la época de David, alojada en el Templo con Salomón, pero actualmente está perdida.»

La chimenea ardía en el salón. Jamás he sentido tanto pánico. Me agarré a la Biblia temblando. Pedí a Dios que me tendiera una mano en tan apurado trance. Entonces la Biblia se me escurrió y cayó en el sofá, abriéndose por una página. Ponía «Alfa y Omega». Me tembló el alma.

Una mano de hierro me agarró la garganta. La mano salía en llamas de la chimenea y borró las dos aes de «Alfa». Aparecieron en un papel escritas L.F., «Lucifer», y una risa de hiena se escuchó.

—¡Ja, ja, ja, te tengo preso!

Entonces pedí que me soltara del cuello. De la chimenea me arrastraban al fuego eterno. Me agarré al cofre de oro pues era lo único que tenía a mano. Lo sujeté con fuerza. Se deslizó entre mis brazos y se abrió contra el suelo. En él se posaron unas hojas que llevaban escritas las siguientes palabras:

«Decálogo» *«Alfa y Omega»*

«Dadá» *«Zúrich»*

El reloj dio las cinco de la tarde. Me levanté con miedo. Agarré la botella de absenta. Juré por mi alma que nunca jamás escribiría. Abandonaría la bebida.

Me puse las gafas. Unas letras estaban escritas en un papel sobre la mesa:

«Decálogo» *«Alfa y Omega»*

«Dadá» *«Zúrich»*

Al dormirme había escrito lo que ponía en el reloj: «Omega» — «Zúrich». Al terminar la pesadilla, cogí el papel con furia y lo arrojé al fuego de la chimenea. Lo consideré de penosa calidad. El fuego lo consumió.

Roma me llamaba a la puerta.

La increíble locura de un cuerdo esquizoide

Corría el año 1967. En la piscina de un hotel de Memphis, un camarero negro agitaba la coctelera mientras susurraba algo imperceptible para el oído de los bañistas. Tumbados bajo un gigantesco palmeral, se tostaban al ardiente sol, que caía pesaroso sobre sus pieles blancas. La oscura piel negra del camarero resaltaba como un fuerte insulto sobre los envidiosos blancos, que soñaban con ennegrecer sus pieles como el café irlandés que posaba en las mesitas el camarero. Ajeno a las miradas insidiosas, mascullaba unas palabras que nadie entendía y, con aire zumbón, se ocultaba bajo el palmeral sonriendo, dejando al aire una irritante dentadura blanquecina. Los lechosos blancos, en sus tumbonas, dejaban al descubierto sus caídos o respingones pechos y su envidia feroz ante semejante negro. Se les antojaba descendiente de algún masai o Kunta Kinte, perdido en los lejanos tiempos en que la esclavitud era moneda corriente en Estados Unidos; tan corriente como tomar café tumbado en una piscina de un hotel o comprar chocolate blanco en un supermercado de Memphis.

Impecablemente trajeado de blanco, con una pajarita negra en el cuello, se carcajeaba tras la barra americana del hotel, soltando una risita estúpida que enfurecía a los bañistas. No dejaba de susurrar palabras idiotas que fastidiaban el descanso del atardecer, haciendo aún más soporífero el ardiente sol que bañaba el palmeral en el que los blancos intentaban conciliar la siesta, siempre interrumpida por el martilleo insoportable de sus entrecortadas frases. Más de uno soñaba con estrangularlo con su pajarita hasta que dejase de agitar la coctelera y cerrase sus dientes blancos, mordiéndose la lengua hasta fallecer.

El despertador sonó a las siete de la mañana como un puñetazo de Mike Tyson en mi cara blanca; en mi mesita, un café tan negro como mis ojeras; en el cuarto, un inmenso póster de Martín Luther King; mi madre, con su bata negra, chillando para que fuera a la terapia ocupacional de salud mental. Alterado por la tremenda pesadilla, le dije a mi madre: «Yo he tenido un sueño, pero prefiero no contártelo hasta que lo blanco sea negro y lo negro blanco y no exista diferencia entre un color y otro. Te lo contaré cuando mi sueño se haga realidad y cuando los blancos se den la mano con los negros y haya fraternidad entre los unos y los otros». Mi madre me dio un beso, se atusó su pelo cano y me alargó un bote de gotas de haloperidol para calmar mi esquizoide temblor. Susurrando entre dientes mientras cruzaba la calle me decía para mí mismo: «I have a dream. I have a dream».

La nada

Me deslicé de torre a torre en cuestión de una milésima de segundo. Al alzar el pie fui succionado por la trompa de un oso hormiguero que tocaba el arpa con un solo dedo. De su trompa caí en una bota que anduvo media legua conmigo. A mi paso me topé con un hombre con la cabeza en la guillotina. Su cabeza rodó como una bola de billar. Dando tres bandazos, me metí por el ojo de una aguja, ahí donde los camellos se joroban por no poder pasar. De aquí salí con un antifaz que me puso una rana de color rosa. Al quitarme el antifaz, me encontré con un muro de piedra que un fantasma me ayudó a traspasar. De un bote salté el océano. Una palmera amortiguó mi caída. Al descender, me topé con un escorpión que por medio dólar me cruzó hasta la orilla. Entonces, me encontré a un niño haciendo un castillo en la arena. Mi memoria me recordó aquellas dos torres de mi escapada. El niño señaló con el dedo. A lo lejos, un hotel de plastilina, que me acomodó. La noche se cerró como mis ojos.

Tomé una ducha de agua fría. El desagüe me tragó hasta caer en un pozo. Unos chasquidos de ratas me hicieron temblar. Mis dedos se agitaban como los de un pianista. Del desagüe caí rodando hasta el mar. Neptuno me alcanzó con su tridente como un pincho de un bar. Juré por todos los santos no volver a escapar del castillo. Neptuno me escupió con tal fuerza que caí de bruces en la Isla del Tesoro. Una gaviota me puso un plano en las manos. Me adentré en la isla para buscar el preciado tesoro. Tras recorrer hasta el último rincón, desistí. Pensé que Pata de Palo se había quedado con la fortuna. Dudé durante el camino si soñaba. Si el mundo no era igual que siempre, con el trabajo, las penas, la muerte; si mi familia estaba en casa como siempre. Deduje que había caído en el infierno. No era un simple espejismo. No era un lugar común, pero ni por asomo el abismo. Entonces pensé que había enloquecido.

Pero era aún peor: era la nada, una nada tan cierta que te ahogaba, que asfixiaba, que te arrancaba a pedazos el alma. Una nada, como la simple nada.

La palabra

No puedo pronunciar la nefasta palabra. De mi lengua no arrancarán una sola letra. Mis labios se cierran para siempre ante la mirada infame de los hipócritas. Juro ante los ángeles del cielo que, con lacre sellada, mi boca no lanzará el terrible vocablo. No haría justicia a mi propia vida si se me escapara este escupitajo a la cara de los que me hirieron con tanta saña. Un zarpazo me hirió en lo más profundo, haciéndome caer en penosa desgracia a manos de aquellos a los que consideraba mis amigos. Lo más insignificante de una vida es quizás lo más hiriente. Un recuerdo, un adiós, una palmada en la espalda, pueden ser un arma de doble filo. Me derribaron como una estatua por la palabra maldita. El alma dejó de sentir. Nadie muere de pena, pero cuando los truenos se graban a fuego en el corazón, estás más allá del mundo mortal. He aquí la caída del ídolo roto. Así el Imperio Romano cayó ante el cristianismo y la Edad Media, que esbozaba a martillazos el Renacimiento, sucumbió a dos palabras: «Jesús» y «Renacer».

Las palabras matan. Ni los cañones, ni las armas, ni las espadas son tan horripilantes como una palabra. El que escribe esta historia supo ser feliz hasta que unas lenguas asesinas dispararon al corazón. Los toros sangran en los ruedos por arteras espadas. Yo sangraba de pena cuando oí que las hienas se reían. Los buitres ya estaban al acecho. Vuelan sobre mi cabeza.

Nunca jamás saldrá de mi boca tal blasfemia. A fuego candente llevo grabado en el pecho izquierdo la palabra más dura. Esto me mató. Mis amigos que antes pensaba fieles me grabaron a fuego con hierro la palabra. Nunca se distingue lo que más perjuicio causa, si lo que tú haces o lo que te hacen. Morir de pena es un crimen perfecto.

Mis amigos —bueno, de ahora en adelante mis enemigos— me abrieron la camisa destrozando con sus uñas mi piel, en el corazón inscrito: «ASESINO». Durante largos años llevé la marca en el pecho pero era inocente de todo lo que se me acusaba.

¿Quién es el asesino? Ustedes tienen la palabra.

La resurrección de Edgar Allan Poe

Transcurría el día 7 de octubre con una calma inusitada en la ciudad de Baltimore. Me hallaba de luna de miel y puedo decir que eran los días más felices de mi vida. Mi flamante esposa, a la que amaba con la fidelidad de un noviazgo de casi cuatro largos años, había marchado de compras por la ciudad. Eran las tres de una calurosa tarde y yo aproveché la ausencia de mi esposa para visitar algún museo y dar un paseo por el parque. Me fascinó la ciudad y me entretuve tanto que pensé que mi mujer, ya de vuelta en el hotel, estaría enfurecida o más bien enormemente preocupada por mi tardanza.

Seducido por los encantos del lugar, entré en una pequeña taberna para comprar algunas botellas de licor y regresar pronto al hotel. Entonces ocurrió el suceso más extraordinario de mi vida. Como embotado por el asfixiante calor y el largo paseo, escuché unas palabras de un ciudadano que se encontraba ebrio en la calle, medio muerto tras una riña tumultuosa. Balbuceaba con entrecortadas palabras:

—Snodgrass, Snodgrass.

Me sobresalté tanto que, aturdido, intenté reanimarle. El hombre respiraba lentamente y se hallaba en una agonía que no me dejó duda de que al poco moriría. Se debatía entre la vida y la muerte y lanzaba improperios al cielo y al infierno. Repetía incesantemente:

—Mi mejor amigo será el que me salte la tapa de los sesos.

Era un hombre apuesto, de mediana edad, alcoholizado en grado sumo y con síntomas de haber sufrido una brutal paliza. Me apiadé de él y le llevé al hospital. Alzando los ojos al cielo el infortunado repetía:

—¡Dejadme ir! ¡El cielo me llama! Dios ha escrito claramente su voluntad en la frente de sus criaturas. Los demonios apresan el cuerpo y lo meten en una cárcel donde triunfa la más negra de las desesperaciones. ¡Veo la puerta de la salvación al otro lado del abismo! ¿Dónde podré meterme para navegar y no ahogarme? Veo mares de fango, navíos de fuego. Ya sólo ansío la calma eterna... Descansar... Que el Señor venga en ayuda de mi alma.

Le dejé en el hospital y marché al hotel. Mi mujer se enfadó enormemente conmigo por mi tardanza pero comprendió que tenía que ayudar a aquel pobre moribundo. Ni que decir tiene que mi luna de miel fue una experiencia maravillosa. Pasé unos días felices en Baltimore con mi reciente esposa. De regreso a Madrid, me encontraba en el sofá leyendo un libro que compré en una librería de Baltimore, de un prestigioso escritor norteamericano. ¡Cuál no sería mi asombro cuando leí la biografía de este singular autor! No podía ser, por todos los demonios, no podía ser. El moribundo era él. ¡Cielo santo!

—Snodgrass, Snodgrass.

Las mismas balbuceantes palabras, la misma lista de improperios. Era la resurrección de Edgar Allan Poe. Juro por cielos y tierra que yo le vi.

La sed

Mi madre dio a luz a un niño sano un día de octubre de 1966. Cuando me cogió en sus brazos me asaltó una sensación de sed tremenda. Mi lengua estaba áspera y tenía unas ganas enormes de beber agua. Mi madre calmó mi llanto acercándome a su pecho. Al tercer día, me dieron el bautismo. Agua bendita cayó sobre mi cabeza y sentí una fuerte sensación de placer. Pasados los años la sensación de sed nunca me ha abandonado. He ido sumergiéndome en una melancolía que me ha agriado el carácter. Mis amigos llegaron a pesar que había dejado de ser yo mismo y que si no salía de ese estado podía caer en una fuerte depresión. Así, decidí salir: al cine, al parque..., pero llegó el día en que me encerré en mi casa olvidándolo todo. La depresión era una carga pesada que acentuó mis ganas de saciarme de agua.

Uno de los pocos amigos que me quedaban me aconsejó hacer un viaje. No lo pensé mucho. Agradeciéndoselo, hice la maleta con el firme propósito de salir y escapar de la tristeza.

Al cabo de varias semanas me fui a Valladolid a hacer una excursión y me sucedió una cosa sorprendente. Me hospedé en el Hotel Imperial; quería pasar una semana en la ciudad y también visitar Tordesillas. Al salir por la puerta del hotel, unas fuertes ganas de hartarme de agua me invadieron.

La semana que pasé en Valladolid fue horripilante. Perdí peso, el color del rostro... Mi lengua quedó áspera como una lima y se resecó la piel de todo mi cuerpo.

El momento más angustioso lo pasé en el Convento de las Clarisas en Tordesillas. Al entrar me bebí toda el agua bendita de la pila.

—Tengo sed, tengo sed —me repetía.

Me acerqué al Duero. Me arrodillé en la orilla y no paré de beber. Aun así, la sed iba en aumento. Sin pensarlo me arrojé al río. La prensa recogió el suceso: «Un joven se suicida en aguas del Duero».

Cuando recogieron mi cuerpo, una sonrisa de placer iluminaba mi rostro. Había muerto como vine al mundo, dentro de una bolsa de agua. La felicidad empezaba para mí.

Esto sucedió cuarenta y dos años más tarde de ver la luz del sol.

La taza de té

A veces lo más insustancial tiene una gran importancia. De lo más insignificante dependen grandes cosas. Así, pueden cambiar el rumbo de los acontecimientos el guiño de un ojo, una palmada en la espalda, un beso en la mejilla. Ha sucedido a lo largo de la Historia.

Un caballero conversaba con una dama mientras tomaban un exquisito té. Londres, con una neblina que se posaba sobre las aguas del Támesis. Mirando al gran ventanal, el hombre sorbió un poco de té.

La mujer, absorta en sus pensamientos.

—Yo pienso que es el momento —dijo ella.

—Yo también pienso que es lo mejor. Algún día tenía que llegar la decisión —dijo él.

Sorbió un poco de té.

—Entonces, de acuerdo. ¿No? —añadió, levantando la taza de té.

La dama afirmó, asintiendo con la cabeza.

El hombre bajó al jardín. Se puso detrás de un árbol para sorprender a sus hijos. Detrás de las hojas verdes un cabello rubio se movía a carcajadas.

El hombre le puso la mano en la cabeza.

—Tú serás el rey de la nación.

Guillermo se echó a reír. Y, ocultándose entre los árboles, volvió a jugar.

Amaranta

Mi afición por las tortugas se remonta a algunos años. Anteriormente me fascinaban los peces de colores, de los que tenía una colección carísima, regalo de mi padrino. Acabaron muriendo todos en el acuario. Éste estaba al lado de la mesa de mi buhardilla y por las noches me entretenía clavando mis ojos en el cristal y forzando parpadeos que me estimulaban al sueño. Los peces parecían un arco iris y en los ojos crepitaba un sirimiri de colores que simulaba fuegos de artificio. Fueron muriendo. Y por la fuerza de la costumbre, al faltar los causantes de mi profundo sueño, apenas lograba dormir. El hábito había alterado mi reloj biológico. Una tía mía decía que los peces llevan a la ruina. No sé si darle mucha credibilidad a esta superstición. Mi tía se deja engañar por quirománticos de tres al cuarto. No es de extrañar que sea la loca de la familia, que la hay en todas las buenas casas.

Así que pasé unas semanas de insomnio. Luego me habitué a dormir sin mis queridos acompañantes. Habiendo sentido lástima por la pérdida de mis mascotas, pensé en comprar otra. Este capricho me inclinó a decantarme por Amaranta, una tortuga de agua que no requería grandes cuidados; agua mineral y comida especial: camarones y sustancias que alimentaban y protegían su caparazón. Algunos días de sol, la sacaba al balcón pues le era beneficioso para endurecer la concha. Como también lo era la piedra de calcio que compré para lo mismo.

La tortuga tenía ya cinco meses. Me encariñé tanto con ella que me hizo olvidar a mis peces de colores. Aunque, cuando me fijaba en el acuario para ver a mi preciosa tortuga, algunos recuerdos de colores pasaban por mi cabeza.

Amaranta era la tortuga más lenta del universo. Su pesada concha parecía lastrada por un peso de siglos. Pensé que podía incluso sobrevivir cuando yo muriera. Algunas tortugas llegan a centenarias. Esta idea de que Amaranta me sobreviviera no me hacía ninguna gracia.

Pasaron tres años y Amaranta me fascinaba. Había algo en su mirada. Sus ojos como agujas me perforaban el alma. A veces me entraban ataques de pánico cuando me escudriñaba con sus ojillos y se sumergía en el agua como si nada. A pesar de todo era mi mascota y ya le tenía más aprecio que a muchos de mis amigos.

Me fui haciendo mayor en compañía de la tortuga misteriosa. Cuando la ponía sobre mi mano abierta ya cubría con su caparazón todos los bordes, haciéndome cosquillas en los dedos. Su concha era ya de dieciséis centímetros. Ocupaba mi mano. Yo pensaba que si llegara a cumplir el medio siglo se la regalaría a mi sobrino. Un día, de sorpresa, murió sumergida en el agua del acuario. Lloré como si hubiera perdido un hijo. Hasta la enterré en un parque debajo de un ciprés.

Amaranta se marchó para siempre. No pude conciliar bien el sueño durante dos semanas. «Jamás tendré una mascota», me juré a mí mismo bajo el ciprés.

Pasaron doce años después de la muerte de mi tortuga. Me iba haciendo mayor. Mi cuerpo no me respondía como antes. Mi afición al tabaco y al alcohol había deteriorado mi salud. En una revisión médica se me diagnosticó un cáncer de páncreas. Al cabo de dos meses de lenta agonía mi familia me enterró. Se rezó por el eterno descanso de mi alma. Me amortajaron. Lloraron mi muerte. Y un ataúd negro me cubrió para siempre.

Al mismo tiempo que me cubrían con la losa, un jardinero del parque encontró una piedra dura bajo el ciprés. Amaranta se había descompuesto. Un olor pestilente emanaba de esa piedra. El jardinero, sin reparar en nada, lanzó el duro caparazón de Amaranta contra el agua del estanque. Unos peces de colores chillones se cebaron con el caparazón de Amaranta.

Mi corazón se endureció de pena bajo esa pesada losa por los siglos de los siglos.

Amén.

La vaca negra

Tomás cerró la puerta del establo. Había ordeñado las vacas y la jornada terminaba para el granjero. Recogió varios cántaros de leche y los dejó en la puerta como de costumbre. Se acostó en su cama y logró conciliar el sueño en un momento. A la mañana siguiente la faena en la granja era dura: había que recoger la paja, alimentar con pienso a las gallinas y ordeñar a las vacas, aparte de cuidar la huerta, llena de tomates y lechugas. Su espalda cansada descansaba sobre un colchón de plumas de ganso y sus sueños eran los de un hombre de campo. Aparecían vacas, caballos, la escopeta, la azada y la guadaña; también el tractor, los cántaros de leche y las gallinas, y su vaca negra, toda cubierta de manchas, que resaltaba entre las demás por su color. Estaba herida en un costado. Este sueño lo impacientaba pues se preocupaba por la vaca. Daba un revolcón asustado, pero pronto caía en un sueño profundo. Las pesadillas de Tomás eran las de un granjero, nada de monstruos, nada de cosas paranormales, nada de fenómenos extraños. Una pesadilla para Tomás era el malestar del ganado, el no estar preparado el día de la matanza, la mala calidad de los tomates o el mal funcionamiento del motor de su tractor. Conocía sólo las cosas de un hombre de campo, de la taberna, de su casa, de su mujer, de sus buenos vinos. En fin, todo era en su mente más simple que el manejo de su carretilla o el uso de la guadaña.

Un día, Tomás escuchó en la televisión que había vacas locas. Y dando un puñetazo en la mesa dijo:

—Maldigo a todo toro muerto. ¡Pues no dicen que hay vacas locas! Mis vacas son estupendas. Dan la mejor leche de la comarca. Gano un montón de pesetas con la mejor leche del país.

Y rascándose la cabeza dijo:

—No hay vacas locas.

Durante mucho tiempo la televisión hablaba de la epidemia, ya extendida en el Reino Unido, que afectaba al ganado, de la quiebra de granjeros y de la ruina de muchos.

Llegó a obsesionarse con el tema. Tomás no dormía ya muy tranquilo. Se trasladó a dormir al establo para cuidar del ganado. Su mujer estaba preocupada por su salud. Tomás no debía angustiarse tanto.

Contaba con treinta y dos vacas y con la vaca negra, a la que cuidaba con más esmero por la herida de su costado. Una vez la vio revolcarse en la paja para aliviar su dolor y empezó a examinarla con detenimiento. Hacía cada vez cosas más extrañas. Saltaba la verja, se iba sola al abrevadero, se tumbaba a la sombra de un peral. Tomás pensó que estaba afectada del mal de las vacas locas. Y decidió con gran dolor en su corazón sacrificar al animal antes de que todo el ganado se contagiara.

Agarró la escopeta y disparó. El animal cayó fulminado.

En el establo, las vacas conocían la mala fortuna de su compañera y no dormían tranquilas. Se agitaban, sudaban, brincaban, hacían cosas raras, presas del miedo. Temían al granjero. La calidad de la leche empeoró. Tomás dio por hecho que tras sacrificar a la vaca negra todas las demás habían enfermado. Y pensó matarlas a todas y comprar ganado nuevo.

Tomás agarró la escopeta y disparó. Iban cayendo una a una. Entonces las vacas enfurecidas embistieron contra él. La sangre había levantado una furia. Lo cocearon en una esquina, saltaban, brincaban con fuerza sobre su barriga. La granja era una autentica conjura contra él.

Saltó de un brinco de la cama. Abrió el portalón del establo y, bendiciendo a Dios, vio dormitar plácidamente a las treinta y tres vacas que, ajenas al sueño del granjero, descansaban para producir la mejor leche del país.

Tomás descansó.

Lío en el ascensor

Una mañana calurosa de verano en Nueva York. Majestuoso el Empire State Building alcanzando el cielo soleado y azul claro. El gigantesco rascacielos muestra su grandeza a los miles de americanos que pululan por la gran ciudad. El viento sopla, amenaza con fuerza al ascensor con vitrinas de cristal, que muestran una bellísima imagen de la cosmopolita metrópoli. El ascensor está en la planta quinta. Un empleado, visera en mano, saluda cortés al primer visitante:

—Buenos días. Dígame la planta, por favor.

—Es la noventa y tres —dice un ejecutivo con la raya del pantalón bien planchadita y con un teléfono móvil.

El joven ejecutivo habla de negocios por teléfono:

—Compra, vende. Compra, vende. Sube las acciones a tres mil. No, perdón, a cinco mil.

El ascensor para en la planta trece. Se sube una bellísima joven, modelo de profesión. El ejecutivo lanza un suspiro:

—¡Qué belleza! —piensa.

—Buenos días. Dígame la planta, por favor.

—La planta noventa y tres.

—Es curioso: usted y yo tenemos el mismo destino — dice el ejecutivo.

—¿Está usted bromeando o se insinúa?

—No, no piense mal. Lo digo porque vamos a la misma planta.

—¡Ah! Bueno.

El ascensor para en la planta veintiocho. Se sube un americano de doscientos kilos.

—¡Eh! ¡Oiga! No deje entrar a ese gordinflón al ascensor. Vamos a caer en picado —dice el ejecutivo.

—Eso, eso. El gordo, que se largue —dice la modelo.

—No puedo hacer eso. Pasará. ¿Cuál es su planta?

—La cincuenta y una.

—Malditos demonios. Tenemos gordo para rato.

—Además echa un tufo... ¡Qué asco!

—Apártense —el gordo se recuesta en el ascensor.

El ascensor para en la planta treinta y nueve. Un niño de cinco años y su abuelita entran en el elevador.

—¿Me lleva a la planta ciento y una?

—Sí, faltaba más.

¡Bom!

—¡El gordo me ha pinchado el globo, abuelita!

—¡Gamberro! ¡Que avisen a la policía!

—Señora, perdone, pero ha sido el imbécil del teléfono.

—¿A mí me llama usted imbécil? ¡Será panzudo!

El ascensor para en la planta cuarenta y siete. Un cura entra en el ascensor. Entran también un bombero y un porteador de muebles con un piano de cola.

—¿No pensará entrar el piano en el ascensor? ¡Pedazo de animal!

—Es un regalo para el director de la compañía, un hombre de peso. Y no lo digo por el gordo.

—Sí, pasará. ¿Cuál es su planta?

—La doscientos cuatro.

—¿Y la suya?

—La última. Como es la que está más alta y más cerca del cielo... —dice el cura.

—La mía es la ciento ochenta y siete —dice el bombero.

Situamos la escena: un cura, un bombero, un gordo de doscientos kilos, un niño, su abuelita, un piano de cola, un ejecutivo, una modelo, el encargado y el porteador de muebles. Nueva York. El sol pega que da gusto en el cielo. Se produce una avería en el suministro eléctrico. El ascensor se para en la planta cincuenta.

—No consigo arreglarlo —dice el encargado—. Así que esto va para largo.

—Esto ha sido culpa del gordo y del piano. ¡Tanto peso!

—¡Eh! ¡Alguien me ha tocado el culo!

—A mí que me registren. ¡Habrá sido el cura!

—¡Oiga!, ¡sin faltar! Yo soy un santo.

—¡Santo cielo! Me ha meado este crío. ¡Abuela, aparte a este niño!

—Compra, vende. Compra, vende.

—¡Socorro! Llamen a los bomberos. Pero, ¡qué imbécil! ¡Si yo soy bombero!

—¡Oiga! Me está metiendo el teléfono por las narices.

—Lo que faltaba: el niño se pone a tocar el piano. Esto es un infierno.

—¡Oiga! El infierno ni lo miente. Es pecado.

El encargado decide soltar peso. Lanza al vacío el piano de cola por la vitrina de cristal.

—¡Socorro! Objeto Volante No Identificado. Cincuenta pisos de caída libre por la ley de gravedad de Newton.

—Tire también al gordinflón. Huele a rayos —dice la modelo, que aprovecha para broncearse en la ventana del ascensor.

—Eso, que lo tiren.

—Ahora el niño se ha hecho caca. ¡Maldita sea! Esto es un pestazo.

—A la abuela, hay que tirarla. Es la que más ha vivido. Esto es pura eutanasia.

—Compra, vende. Cinco mil, seis mil.

—Esto es un ascensor de locos —dice el encargado.

El encargado infla un globo que tenía el niño en el bolsillo de su camiseta.

—Tome, gordinflón. Esto será su paracaídas.

—¿Está usted loco? ¡Son cincuenta pisos!

—¡A la puta calle!

—¡Eso, a la calle!

—¡Socorro! ¡Bomberos! ¡Cielo santo! ¿Otra vez? ¡Si yo soy bombero!

La abuela empieza a rezar el rosario con el cura.

—¡Oigan! No den el rollazo en este momento.

—¡Pedazo de ateo!

—¿Cómo se va a poner a fumar ese Montecristo ahora?

—¿No ve que falta oxigeno?

—Nada, nada. A fumar. Tengo el mono.

Una paloma se caga en la abuelita y entra en el ascensor. El encargado está al borde de la locura. La modelo lanza gritos de histeria. El gordo es lanzado por el ejecutivo para aligerar carga. El niño empieza a tocar la flauta. El portamuebles fuma un puro. Pronto terminará la tragicomedia en Nueva York.

—Éramos pocos y parió la palomita. ¿Verdad, abuelita?

—¡Marrana!

—Me voy a suicidar —dice el encargado. Agarrando los tirantes del cura, se ahorca.

—¡Infeliz! Es duro este trabajillo de encargado —dice el cura.

—¡Otra vez me han tocado! ¡Ahora una teta!

—Es que están tan apetecibles…

—¡Sinvergüenza!

—¡Deja de fastidiar con la flautita, niño repelente! —dice el ejecutivo.

—A mi nieto, ni tocarlo.

—Pues entonces toco culos y tetas.

—¡Marrano!

—¡Bomberos! ¡Llamen a los bomberos!

—Pero, estúpido, ¿no ve que usted es bombero?

—¡Cielo santo! ¡Qué humo!

—Compra, vende. Compra, vende.

La compuerta del ascensor se abre. Llega la liberación. Dos muertos: el gordo y el encargado. La modelo sobada como un picaporte. La abuela se marcha con el nietecito. El cura se marcha hasta la última planta para ir al cielo. El bombero, con crisis de personalidad, se confiesa con el cura. Nueva York. El Empire State ha vivido una experiencia difícil de olvidar: el lío en el ascensor.

Alcantarillas

«*Que encuentres tu* swing»

Madrid, ciudad cosmopolita, abre sus puertas a la humanidad. Un día en la vida de un ciego por el suelo urbano desde su acomodada casa hasta su trabajo en un puesto de la Once. De Madrid, al cielo. En el pecado llevamos la penitencia por un alcalde que pone patas arriba la capital. Da la impresión de andar por un mundo de obras, grúas, zanjas, hoyos, alcantarillas. Madrid es un campo de golf. Espero que disfrutes de este cuento y encuentres tu propio swing.

Mi bastón blanco me guía por la ciudad. Al salir a la calle, hace frío. Mi trabajo dista cinco manzanas, por una calle recta y un pequeño callejón. Nací ciego y he maldecido a Dios y al diablo por privarme del sentido de la vista. Desde mi niñez he vivido en la oscuridad. La ciudad es una carrera de obstáculos. Mi discapacidad no me impide trabajar y ganarme el pan, siendo útil a la sociedad.

Al cruzar el umbral de mi puerta me santiguo. Atrás dejo mi hogar. Mi principal temor es salir, pues la cantidad de elementos que me encuentro me suponen una dura prueba: postes publicitarios, buzones de correos, bancos, obras y, sobre todo, las alcantarillas, que me traen por la calle de la amargura y nunca mejor dicho.

He contado dieciocho alcantarillas desde casa al trabajo. No sé qué sádico se ha propuesto hacerme imposible la existencia. Entre el bastón y las alcantarillas esto es un campo de golf.

Un día, caminando al trabajo, tropecé con una alcantarilla. Caí de bruces al suelo y casi me desayuno una tapa de alcantarilla como si fuese una galleta Fontaneda. A la segunda caída, pisé la calva de un operario de limpiezas. Gracias al cielo, me sirvió de puente para cruzar la calle.

Un amable ciudadano me cruzó de acera y caímos los dos a un hoyo. Así se hacen ciertas las palabras de Cristo de que el que sigue a un ciego cae con él al agujero.

—¡Está loco!

—Perdone, estoy ciego de aguardiente.

—¡Maldito Gallardón! Esto es obra de él.

—Sí, ese hombre es más peligroso que una caja de bombas.

Tras caer al hoyo, nos levantamos como pudimos. Desistí de ir al trabajo. Me di media vuelta. Volvía a mi hogar. Allí me tumbaría en un sillón, me fumaría un cigarrillo y pondría la radio.

Antes de llegar a casa, caí en otra alcantarilla. Bajé al subsuelo, donde había ratas y el ruidoso metro.

—¡Mal nacido! ¡Gusano! Si algún día te atrapo, me las pagas.

Gallardón no tenía la conciencia tranquila. Apenas conciliaba el sueño. La conciencia le remordía hasta el corazón. Sus obras eran la pesadilla de todos, pero para un ciego eran como una película de terror.

Yo ya dominaba el bastón blanco y los hoyos. En la última alcantarilla tiré la envoltura de un dónut. La verdad es que no había sido un día redondo. Me encaminaba a casa. Al entrar al portal, caí por el hueco del ascensor.

—¡Socorro! ¡Ayuda!

El portero, con malos modos, me sacó del aprieto.

—Estamos de obras en la comunidad de propietarios.

—¡Lo que faltaba! ¡Esto es una conjura! ¿Es usted el portero? ¡Es usted un imbécil! —dije.

—En primer lugar, yo no soy portero, sino conserje. ¡Que aún hay clases!

Me lié a bastonazos con él.

Después de mi reyerta con el portero, me subí las escaleras hasta mi casa. Mi madre estaría esperando con la comida en la mesa, un cocido que esperaba me reconfortara del mal día que llevaba.

—Juro que esto lo escribiré.

Me miré en los bolsillos de la chaqueta. Saqué las llaves. Mi casa era un remanso de paz, todo ordenado y limpio, sin ruidos. Como un burgués, me tumbaría en el sillón para escuchar la radio.

—¡Mamá! ¡Mamá! —dije, dejando el bastón.

—¡Hijo mío!

Entonces, entré en el cuarto de estar. Resbalé con la cera Alex, dándome un costalazo de mil demonios.

—¡Ay, Dios mío!

—Estamos de obra en la cocina. Ten cuidado.

—¡Obras en Madrid! ¡Obras en mi casa!

Encendí la televisión. Ponían «La caída del Imperio Romano». Me eche a reír; todo parecía una broma de mal gusto. Mi dulce hogar convertido en un nido de escombros: mosaicos rotos, cemento, escaleras y polvo.

Mi madre me sirvió por fin la comida: unos garbanzones como balines. Daban botes contra el suelo.

—¡Mamá! ¡Hoy es el peor día de mi vida!

Y me eché a llorar.

—Hijo mío, resígnate.

Me acosté. En vez de ovejitas empecé a contar alcantarillas. Ya estaba desquiciado. Me quedé profundamente dormido. Soñé con zanjas, grúas, cemento, escaleras y hoyos. Me desperté sobresaltado en un sudor frío.

—¡Malditas obras!

Después de la siesta, tuve que volver al trabajo en el puesto de la Once. No me apetecía trabajar, pero tenía que encontrar mi *swing*.

Se iluminó mi mente. Al salir a la calle, buscaría el golpe perfecto. Con mi bastón blanco daría a las latas de refrescos y si caían a la alcantarilla, haría un pleno y evitaría caer en el agujero. Pasé dos manzanas y sorteé diez alcantarillas. Daba un ligero golpe a la lata y caía al agujero. Yo estaba libre de lesiones.

Había descubierto un bonito entretenimiento: el deporte del golf a dieciocho hoyos.

Mi madre se sentía orgullosa de mí.

—Hijo de mi alma. ¡Qué feliz me haces!

Lo que era caos, angustia, dolor y desesperación se convirtió en una pasión sin medida. Ahora vendía cupones y era un excelente deportista discapacitado. Mi opinión sobre el alcalde de Madrid cambió a mejor. Si no es por sus obras yo no habría llegado tan alto. Mi humor cambió y la vida parecía de color de rosa.

—Mamá, ¡he llegado tan alto!

—Sí, hijo mío.

Me tumbé en la cama soñando con mi felicidad. Soñaba con latas de refrescos que caían ruidosamente a las alcantarillas. No me caería más. En la Once me premiaron por mi instinto de superación.

No cabía en mí de gozo. Mi madre, encantada con mis progresos, decía en la charcutería, la frutería, la panadería: «Mi pobre hijo ha encontrado su *swing*». Las mujeres no la comprendían, pero deseaban que sus hijos encontraran su *swing* pues algo bueno era.

Al cabo de unos años recordé esta peripecia. Me encontraba en las Olimpiadas del 2016 en la ciudad de Río de Janeiro. Representaba a mi país como discapacitado en el golf, elevado ya a categoría olímpica. En la ceremonia, desde el palco, los Reyes de España y Gallardón, con lágrimas en los ojos, me veían agitar la bandera de España. Era el orgullo de mi nación.

En una entrevista para la televisión, pude afirmar:

«Yo era ciego, hasta el día en que encontré mi *swing*».

Narciso

Narciso, joven heleno, rechaza a sus pretendientes masculinos. Aminias, cruelmente rechazado, promete venganza. Narciso entrega una espada a Aminias y éste se suicida, pidiendo a los dioses un cruel fin para su amado. Narciso se vuelca en su propio ser, dando a sus pretendientes la espalda.

Narciso mira el estanque.

Era un joven de tez blanca. Afeminado el rostro, sin vello facial. Su boca pequeña era ideal para el beso, una boca de piñón. Los ojos caen tristemente. Las cejas, dibujadas, como si fueran marcadas a cincel. La nariz, perfecta. Caen algunas lágrimas por su tabique nasal. Sus pómulos son duros. Su pelo, rizado, se adorna con una cinta griega. Sus cejas son negras, pobladas y atractivas. Tiene un hoyo en la barbilla, en su cara redonda, juvenil y hermosa. Acompaña a su rostro una complexión atlética.

Narciso mira el estanque.

Un espejismo caricaturiza su faz. La tez es tan blanca que causa burla. Aparece afeminado hasta el ridículo, con un amaneramiento cruel. Su nariz se alarga por la luz del estanque. Parece un puñal y afea su cara. Los ojos caen, se reflejan, y se presentan pobres, necios, estúpidos. El pelo rizado parece un erizo herido en su cabeza. Sus cejas negras le dan un aire de descuido, de imbecilidad. Su rostro se asemeja al de un harapiento.

Narciso mira el estanque.

Acaricia su hoyo, le da lustre a la barbilla. Se siente bello. Mira el fondo del estanque. Se enamora de sí mismo. Intentando seducir al joven, queda prendido de su belleza. Baja su pelo rizado, que se moja en el agua. Los ojos se le iluminan, como el azul del cielo, lo que le da un atractivo singular. La nariz, perfectamente enclavada en su cara redonda, olisquea el agua dulce del estanque.

Amante de su belleza, Narciso mira extasiado. Se ahoga en su belleza helena.

Su boca se dobla, la nariz se pliega, los ojos simétricos se alargan. Sus orejas parecen pétalos, sus cejas espinas. Sus lágrimas son rocío de la mañana.

Y de su excelsa belleza nació una bella flor.

El Orangután de Borneo

Desde mi tierna infancia he sentido en lo más profundo del alma un odio innato hacia mi desdichado hermano, al que aborrezco de tal forma que pienso, sin lugar a equivocarme, que la divina providencia me ha privado del atributo nobilísimo del espíritu y que, por escasa fortuna, carezco del más elemental sentimiento de bondad. Jamás en nuestra convivencia fraternal he manifestado esta animadversión contra él, prodigándome en atenciosos gestos de hermanamiento, sin que ningún músculo de mi rostro manifieste ni la más ligera mueca de la horripilante maldad que emponzoña mi corazón.

Mi hermano gemelo es un ángel. Es mi mismo rostro. Mirándonos fijamente en el espejo con suprema atención nadie acertaría a distinguir si mi hermano es el que se refleja o si por el contrario soy yo el que aparece dibujado en el cristal. Mi fallecida madre nos trajo al mundo idénticos como dos gotas de agua, paralelos como dos manzanas de calles y simétricos en gestos y ademanes como una hoja de árbol que se desdobla en torno suyo.

A decir verdad, mi hermano vertería un mar de lágrimas si sospechase mi inquina hacia su persona. Supongo que incluso me abrazaría desesperado preguntándome en qué me ha ofendido para que no le amase. Francamente, esto es lo que más detesto de mi infeliz congénere: su escaso sentido de la ofensa. Nunca ha tenido enemistades y no tengo la más mínima duda de que a ningún enemigo lo considerará como a tal. Si alguna persona le ha herido en lo más hondo de sus sentimientos, le ha perdonado de todo corazón, asegurándole por lo más sagrado que no le guardaría ningún rencor.

Yo soy igual en el físico. Pero la perversidad que anida en mi alma es tal que me duele febrilmente el cuerpo al pensar que el rostro que sustenta mi hermano es mi mismo retrato, mi copia calcada. Hasta tenemos las mismas aficiones. Desde la niñez a ambos nos apasionan el ajedrez, la ruleta y el dominó. Nos encanta cierta clase de música africana de la que poseemos una prestigiosa colección de discos. Tenemos el mismo gusto por la comida china, de la que disfrutamos en un restaurante cercano a la barriada en la que transcurre nuestra fraternal existencia en compañía de un tití del Amazonas, un papagayo y una colección de tarántulas posesión mía, por las que siento tal predilección que paso largos ratos ensimismado con ellas. El amor a los animales es tan sólo un pasatiempo mío. A mi hermano no le agradan, pero para satisfacer mis caprichos no duda en comprarme la más cara de las tarántulas, esbozando una sonrisa complaciente, que me resulta tan impertinente por ser de él que por mi parte le haría la más exquisita de las torturas.

Mi alma es una roca. La de mi hermano es una predilección de la Divinidad. Todo paciencia, se sienta en el sofá a escuchar mis disertaciones sobre las arañas de Bombay, los macacos del Perú, los galápagos o mis recientes investigaciones en el parque zoológico sobre un orangután gigante de Borneo al que su musculatura dota de una fiereza que le hace capaz de contonearse sobre un solo dedo del pie, emitiendo un sonido gutural como el de un niño en su cuna. Su brutalidad me fascina tanto que he estudiado a fondo a este animal asiático. He pasado largos meses en el parque sin importarme lo más mínimo mi propia vida, ni mis ganancias, ni mis amadas tarántulas.

Tuve la sensación extraña de que al animal le agradaba mi presencia. Como si existiese un lazo de simpatía entre el mono y mi persona. ¿Quizás alguna mezquina similitud entre su fiereza y la bestialidad de mi alma? Sus ojos brillantes se fijaban en mi rostro con una pizca de complicidad. ¿Quizás me obsesionaba demasiado? El orangután se apasionaba conmigo hasta tal punto que perdía horas de descanso con mi amigable presencia.

Un día al atardecer, de regreso a la barriada fascinado por los encantos del mono, me sorprendí agitándome con la bestialidad del animal. Marcando el paso sin temor al ridículo, henchidos de aire los pulmones, lancé un rugido como el del orangután que me hizo estremecer. Crucé la avenida. Me detuve. Y pasó por mi mente el más macabro plan para asesinar a mi odiado hermano.

Mi cabeza parecía embriagada ante tal conjura. Así como el mono se golpeaba en los barrotes de su jaula con la fuerza de un titán, me golpeaba yo con las paredes de mi habitación maquinando el plan certero para que mi hermano dejara de existir. Al fin brotó la locura. Y descansé agotado en mi cama con los pies en cruz, en idéntica postura a la del animal en su jaula de acero.

A la mañana siguiente, a la semana siguiente, al mes siguiente, siguiendo una rutina perezosa, lanzaba una arenilla finísima a los ojos del orangután al tiempo que disparaba mi máquina de fotos, tomando el mono tanto odio a mi persona que me hacía temblar de terror. Se me calaban los huesos ante semejante brutalidad. Los ojos del mono enrojecían al contemplar mi burla. Me destrozaría con su fuerza. Mis músculos gemían ante tal amenaza.

Al cuarto mes fui al parque temprano por la mañana. Forcé la reja por la que el cuidador del zoo le suministraba el alimento, dejándola aprisionada con una piedra mientras el orangután dormitaba. El pánico hirvió mis fibras y congeló mi sangre.

Me acerqué a la cabina de teléfono. Se me quebraba la voz y un nudo en la garganta me impedía certeramente articular palabra.

—¡Frank! ¡Frank!

—¿Qué pasa, hermano? ¿Ocurre algo?

—¡Frank! Ven sin tardanza al parque. Toma una muestra de fotografías del orangután de Borneo del que tanto hemos hablado. Hazlo con urgencia. Yo debo acudir a una cita con nuestro padre. Ha venido de viaje desde algún lugar perdido del mundo. Nada me ha dicho. Tan sólo desea conocernos. Cuando tengas las fotografías, padre y yo te estaremos esperando en el café de la torre.

—¿Nuestro padre? ¿Te ha llamado? No te preocupes, haré lo que me pides.

Mi hermano llegó al parque con el fuerte deseo de conocer a su padre. Iba con la ilusión del escolar que sale de excursión al zoológico. Incluso parecían no desagradarle mis bichos y llegó a sentir cariño por el mono del que tanto le había hablado. Se sentó al lado de la reja de acero y lanzó el primer flash. El orangután dormitaba. Lanzó otro flash. El animal se irguió perezosamente. Lanzó uno y otro más.

El orangután se enfureció al verlo. Golpeó los barrotes. La rejilla cedió como plastilina. El mono, enloquecido, partió la frente de mi hermano de un manotazo. Le arrancó el cuero cabelludo con una fuerza demoniaca y con sus garras le sajó el esternón. Pataleó encima de su marchitado cuerpo. Mi hermano, desangrado, hecho trizas, muerto.

No tardaron en informar del infortunado suceso en radio y televisión. Una tragedia inconmensurable. Bestial ataque de un animal feroz. Horripilante suceso del orangután gigante de Borneo.

Mientras escuchaba la noticia una sonrisa cruzó mis labios. El café me sabía a triunfo final. Un hombre feísimo, corpulento, con la apariencia de una bestia salvaje y modales groseros me dio un fuerte abrazo.

—¿Eres papá? —atragantándome con el café por la fuerte impresión.

—Sí, hijo. ¿Y tu hermano? Como comprenderás, no he viajado desde la Isla de Borneo para irme sin conocerlo. He de confesaros el motivo de mi fuga.

—¿Borneo?

—Vuestra madre no falleció. En las tribus aborígenes de la Isla de Borneo, en las fiestas del dios de la luna, celebramos ritos ancestrales, bestiales orgías en los claros de luna con hembras de orangután gigante. De una de ellas tengo dos hijos: tú y tu hermano. No sé qué habrá sido de esa orangután que gemía de placer.

—¿Quién es usted? ¡Maldito animal! ¡Bestia inmunda! ¡Gusano del diablo!

—Soy tu padre. Eso es frecuente en mi país. Son costumbres ancestrales de nuestra raza, ligadas a la tradición mitológica del antiquísimo Emperador de Borneo. Cuando la luna muestra su rostro más fecundo, la hembra orangután puede concebir un hombre y es noble bondad del dios de la luna el que tenga gemelos. Es tan mitológico como real. Venga, ¿y tu hermano?

—Usted no es mi padre. Es un monstruo —mi llanto era una mezcla de infinita pena y completo amargor—. ¡Ay¡ ¡Ay! ¡Desdichado de mí! ¡Mamá ha matado a Frank! ¡Frank! ¡Frank! ¡Frank!

Obsesión

Times New Roman 12 pt Estilos
Izquierda 1,0
Tablas Columnas 75%

Archivo Editar Vista Insertar Formato
Tabla Gráficos Herramientas Ventana

Word Perfect

Epson Stylus Color II Win
5 de abril de 1998 9.28

Así, de esta manera tan peculiar, se muestra mi pantalla del ordenador. Sentado en el salón de mi casa, fumándome un cigarrillo y con la página en blanco, me dispongo a escribir un cuento. La luz tenue de un flexo ilumina la pantalla y de vez en vez sorbo una tacita de café bien cargado. ¡Qué tiempo más plomizo! Miro a través de la ventana y hace un día ceniciento. Me fijo en mi cajita de porcelana y encuentro una pastilla de ácido lisérgico. Recuerdo con nostalgia aquellos días en la universidad en que me atiborraba de pastillas y mi mente alucinaba con recuerdos y obsesiones paranoicas. ¡Qué tiempos aquellos! De ayer no queda nada, ni amistades, ni ilusiones, ni fracasos; sólo un turbio porvenir. Sorbo un poco de café y aún no me decido a tomarme mi pastilla de L.S.D. Me fijo de nuevo en mi pantalla del ordenador: veo lo mismo que al principio. Me decido. Alargo mi mano y saco una pastilla de la cajita de porcelana. Me la tomo. Pasan los minutos y veo en el ordenador:

> Epson Stylus Color II Win 5 de abril de 1998 9.40

Noto sólo que han pasado los minutos, nada de sensaciones extrañas. El mismo día ceniciento. Se produce en mí una tormenta cerebral, un cóctel explosivo. La cabeza se agita y mis piernas tiemblan. Un sudor frío recorre mi espalda. Veo en la pantalla del ordenador:

> Capitán Epson Nautilus Color azul marino 4 de noviembre de 1870 9.44

Me hallo en la confusión. Estoy navegando en un gigantesco submarino de color azul marino conducido por el capitán Epson. Recuerdos de 20.000 leguas de viaje submarino. El Nautilus viaja surcando los mares. Me decido a seguir mi aventura y sorbo un poco de café con una pastilla de L.S.D. Mi cabeza estalla. La pantalla del ordenador tiembla y mi cara se pone pálida. Siento frío y se me hiela la espalda. Veo en la pantalla del ordenador:

> Capitán Epson Arantes do Nascimiento Color Negro 19 de noviembre de 1969 Maracaná

Me estoy trastornando. Estoy en Maracaná viendo jugar a Pelé. Pienso en el suicidio. No se me pasa esta tormenta de ideas. Me he quedado en éxtasis y colgado por los ácidos. Voy al cuarto de baño a vomitar. Expulso los ácidos, pero los efectos continúan. Veo la pantalla de mi ordenador:

Insertar Epson Stylus Color II Win 5 de abril de 1998 9.28

No ha pasado nada. La misma hora que al principio; la página en blanco para mi cuento; la cajita de porcelana llena de ácidos. Todo ha sido una obsesión y una terrible pesadilla. Me aterro y decido terminar. ¿Me estaré volviendo loco? ¿Ha ocurrido algo? ¿Ha pasado el tiempo? ¿Y el capitán Epson? ¿Y Maracaná? ¿El ordenador en blanco?

La locura se ha cebado con mi mente: obsesión infernal.

Pánico en el tranvía

Luce una mañana espléndida en Lisboa, en un verano caluroso refrescado por las aguas del estuario del Tajo. Camino de la Torre de Belém, un tranvía presuroso y raudo lleva a los visitantes por un largo trayecto turístico. El conductor está un poquito ebrio, ha tomado unos vasos de vino verde antes de ponerse al volante como un auténtico piloto de carreras. El sol acaricia los cristales del *eléctrico*. Lisboa es una bellísima ciudad y los turistas están encantados de conocerla.

Tranvía nº 15

—Pasen y vean el espectáculo —dice el conductor, levantando la mano de la manivela.

—¡Pero usted está loco! ¡Nos va a matar! —dice una turista japonesa.

—¿Quiere hacer el favor de callarse?

—¡Está loco, un loco al volante!

—Pero, ¿qué se cree usted? ¿Emerson Fittipaldi, pedazo de anormal? —dice un alemán.

—Claro, claro. Esto no es Montecarlo.

Calmados los ánimos, los asustados turistas se ven otra vez sorprendidos por la demencia del conductor chiflado. Un volantazo bestial les hace arrancar de cuajo una farola. A los viajeros les da un vuelco el corazón.

—¿Les gusta la bella ciudad de Lisboa?

—Sí, nos gusta mucho, pero no tanto como para morir en ella —dice un español.

—¡Dios mío! Ha arrancado la farola. ¡Qué animal!

—¡Más madera! ¡Más madera! —acelera el conductor forzando la manivela, que ya echa chispas.

—Ha bebido usted más de la cuenta, ¿verdad? —pregunta un suizo con la boca llena de pastel de nata.

—Aquí conducimos así y si no le gusta, se baja.

Se acercan presurosos a su destino final: la Torre de Belém, bañada por el río Tajo. El conductor pone el velocímetro a 176 Km/h. Quiere llegar pronto para echar un trago en una taberna. Un turista chino sale despedido por una ventana del tranvía. A una señora está a punto de darle un infarto.

—¡Dios mío! El chino ha muerto.

—Bueno, hay muchos más y son muy feos —dice el conductor empinando el codo con una botellita de licor que tenía en la guantera.

—¿Está usted loco? ¡Pise el freno! ¡Vaya más despacio!

—Miren, allí está la Torre de Belém. Bonita, ¿verdad? —pregunta el conductor.

—Está usted majareta. Nos vamos a empotrar —dice el español.

—Soy muy joven para morir —dice la japonesa.

¡Bom! ¡Bom! ¡Bom!

El tranvía cae al río Tajo. Todos los turistas mueren en su visita a la ciudad de Lisboa. Sólo se oye una voz entre los amasijos del *eléctrico*. Está cantando. La Guardia Nacional

Republicana saca al conductor cantando un fado. Está más borracho que una cuba. Lisboa ha vívido una experiencia cotidiana: la velocidad de sus conductores suicidas. Es el fin de una divertida historia en la capital lusa.

Reescribir El Quijote

«En un lugar de la mancha de cuya tinta no quiero acordarme, no ha mucho tiempo que vivía una pulga de pico de artillero, succionadora antigua, cuerpo flaco y de sangre chupadora. Una olla de algo más sangre que torero, salpicón las más noches, duelos y quebrantos los sábados, lanceradas los viernes, algún camino de añadidura los domingos, consumían las tres partes de mi trenca. El resto della concluían sayo de rascarse, calzas de velludo para las fieras, con sus pantuflos de lo mesmo, y los días de entresemana se honraba con su picotín de lo más fino. Tenía en su mancha una pulga que pasaba de los cuarenta y una garrapata que no llegaba a los veinte, y un moscón de campo y plaza que así ensillaba el fortín como picaba en las posaderas. Frisaba la edad de nuestro parásito con los cincuenta daños. Era de complexión necia, seco de carnes, enjuto de rostro, gran chupador y amigo de la caza. Quieren decir que tenía el sobrenombre de "Picada", o "Dentellada", que en esto hay alguna diferencia en los autores que deste caso escriben, aunque por conjeturas verosímiles se deja entender que se llamaba "Picada". Pero esto importa poco a nuestro cuento, basta que en la narración dél no se salga un punto de la verdad.

Es, pues, de saber que este sobredicho parásito, los ratos que estaba ocioso —que eran los más del daño— se daba a picar con toda suerte de perrerías, con tanta afición y gusto, que olvidó casi de todo punto el ejercicio de la caza y aun la succión de su trenca. Y llegó a tanto su curiosidad y desatino en esto, que se instaló en comprar libros de fechorías para saber picar, y así llevó a la mancha todos cuanto pudo haber dellos; y de todos, ninguno le parecía tan bien como los que compuso el famoso Marrano Silva, porque la frialdad de su picosa y aquellas entrincadas hinchazones suyas le parecían de perlas, y más cuando llegaba a leer aquellos requiebros y desafíos donde en muchas partes hallaba escrito: "La hinchazón del chichón que a mi razón se hace, de tal manera mi escozón enflaquece, que con razón me quejo de vuestras posturas". Y también cuando leía: "... los altos vuelos que de vuestra indignidad con las ronchas os fortifican y os hacen merecedora del escocimiento que merece vuestra cabeza".

Con estas razones perdía el pobre pulgón el juicio. ¡Ni que lo jures! Y desvelábase por entenderlas y desentrañarles el sentido, que no se lo sacara de la cara el mesmo mosquito Anophelles, si resucitara para sólo ello. No estaba muy bien con las heridas que don Mosquelín daba y recibía, porque se imaginaba que por grandes maestros que le hubiesen curado, no dejaría de tener el rostro y todo el cuerpo lleno de cicatrices y señales. Pero, con todo, alababa en su autor aquel acabar su libro con la promesa de aquella inacabable aventura y muchas veces le vino deseo de tomar la pluma.»

Entonces Miguel de Cervantes se rascó la cabeza y una pulga saltó. En el tintero mojó la pluma. Tiró la primera hoja al fogón.

Y escribió: «En un lugar de La Mancha...».

Manual de fantasía

1º Instrucciones para tocar con la lengua la nariz.
2º Instrucciones para fumadores a la contra.
3º Instrucciones para hacer un nudo a un cigarrillo.
4º Instrucciones para domesticar una mosca.
5º Instrucciones para hacer la cuadratura de un círculo.

La fantasía pertenece en su mayor parte al mundo de lo imposible. Lo que al momento parece complicado puede convertirse en lo más sencillo. Así como es difícil pasar un camello por el ojo de una aguja, es también dificilísimo sacar un piano de cola por un orificio de la nariz, meter un elefante en un bolsillo o hacer lo blanco de color negro.

Todo es posible en el mundo de los sueños y la fantasía. Presento cuatro cosas posibles y una imposible: la cuadratura del círculo. Hay algo de magia en estas tareas, pero no dejan de ser meros pasatiempos o curiosidades. El mago saca de su chistera una paloma, corta por la mitad a una mujer, hace desaparecer una camioneta. Son trucos que prefiere ocultar a los demás.

Empezamos por sacar la lengua y subirla hasta la punta de la nariz. A algunos no les será posible este juego.

Coges un cigarrillo encendido, le das la vuelta, lo metes en la boca. Echas humo por el filtro del cigarro. Es una manera de hacer un poco el tonto o ir a la contra. ¡Cuidado, que quema!

Vamos a hacer un nudo a un cigarrillo. Coges el chivato o, lo que es lo mismo, el plástico del paquete. Vas enrollando el cigarro con el plástico. Luego, una vez liado, retuerce hasta hacerle un nudo. No se rompe.

Y ahora vamos a domesticar una mosca. Agarra al vuelo una mosca, lo habrás hecho en la infancia. Átale al cuerpo un hilo y éste a un dedo de la mano. Volará a tus órdenes.

Y como la quinta instrucción, la cuadratura del círculo, no sé hacerla, agarro esta cuartilla y, enfurecido, la hago una bola. Y la tiro a la papelera.

El regalo de Melchor

Hace miles de años, en un humilde portal de la aldea de Belén, nacía el Mesías. Nacía en un establo, pobre y sencillo, con la compañía de sus padres y la de dos animales. Era el Salvador, el que iba a sufrir por los pecados del mundo y morir en una cruz. Unos pastorcillos, al anuncio de un ángel del Señor, le daban pleitesía y calor. A lo lejos, guiados por una estrella que brillaba con la fuerza de mil soles, unos magos venían de tierras distantes a regalar al niño unos presentes dignos del Rey de Reyes. Era una noche espléndida en la aldea de Belén y la luna mostraba un rostro angelical. Era el anuncio de la salvación del mundo. Llegados los Magos a los pies del niño-Dios, le tributaron digno homenaje. Le traían en sus zurrones exquisitos regalos: oro, incienso y mirra. Hablaron con José, humilde carpintero, y con la Virgen y les dieron la más calurosa enhorabuena. Melchor, hombre rico por su fama de astrólogo, mostró el oro al niño y le dijo con voz cálida:

—Rey de Reyes, Tú eres el Señor de la Creación. Aquí te regalo este presente: un lingote del más refinado y puro oro, digno de tu majestad.

Baltasar, viendo la tacañería del Rey Mago, no osó decir nada y dejó la mirra a los pies del niño. La estrella brillaba con una fuerza inusitada. Gaspar perfumó al niño con la mirra, esencia y perfume oriental.

Se marcharon los Reyes y Baltasar, en lo alto del camello, le dijo a Melchor:

—¿Acaso el Rey de Reyes no merecía el otro lingote de tu zurrón? Veo que eres viejo y tacaño, pobre Melchor.

Melchor, en la majestuosidad de su palacio, rompió a llorar. Decidió que todos los años cada 5 de enero regalaría presentes a todos los niños del mundo. Y así fue como surgió la idea de entregar los regalos que colman de felicidad y amor a los niños del mundo. Melchor murió con su lingote debajo de su mullida almohada, pero el espíritu de la Navidad que nació por la tacañería del Rey Mago del Oro creó la más absoluta de las ilusiones.

La remordida conciencia del Rey Mago del Oro es la felicidad de los niños de la humanidad. Jesús de Nazaret acogió en su seno al Rey Mago y le esbozó la sonrisa de cuando era niño en el humilde portal de Belén.

Sinfonía en Re...?

Mozart afinaba el piano con sus finos dedos cuando los ángeles custodios, mirándome con una cómplice sonrisa, me guiñaron un ojo. Tumbado en la hierba mojada del parque Isabel la Católica de Gijón, después de agarrarme una borrachera en La taberna irlandesa, miré, como en el espejo de la madrastra de Blancanieves, mi reflejo en el agua del estanque y me preguntaba si la bala que mató a Jesse James me habría herido en el pecho.

Me hundía en un profundo pozo del que salía John Lennon como gata en celo anunciando las singulares trompetas del apocalipsis. La Semana Grande de Gijón retumbaba en mi cabeza cuando las turbulencias del líquido manjar de la tierra, escanciado con la precisión de un reloj suizo, me dejaron fulminado mirando las nubes del cielo, que presagiaban una tormenta de locura. Decidí alcanzar la primera calle y bajar al centro hasta mi apartamento.

Me acerqué tambaleándome de farola en farola como el vil Harry Lime se oculta por las cloacas. Mi singular peripecia adquiría un toque policiaco cuando, en la plaza del Ayuntamiento, alargué mi mano para dar una moneda a un pobre que, oculto en un cubo de basura, me levantó su sombrero como Don Gato aplaudiendo mi buena acción.

Las manzanas de Asturias me habían dejado más borracho que Baco y no sabía si estaba en el otro mundo o pasando una pesadilla cerebral. Asustado, corrí por la calle. En una alucinación, escuché en el Paseo Marítimo cantos de sirena. La luna descendía sobre mi borrachera adornando mi cabeza. Un perrillo faldero me lamió el pantalón y entonces me pregunté: ¿Ra...yos?, ¿Re...lámpagos?, ¿Tru... enos? Eran un regalo de Yavheh como la niebla que empañaba el cielo.

Avergonzado por mi ebriedad escondí la cabeza como una estúpida avestruz esconde su testa en un agujero. Entonces Mozart tocó «La Flauta Mágica». Llegué al apartamento y me miré al espejo. Me sonrojé de mi borrachera y, como Adán y Eva cuando fueron expulsados del paraíso, me acosté cubriéndome con un albornoz para disimular mi vergüenza.

A la mañana siguiente, un paquete de tabaco en la mesilla, un cenicero y la luz tenue de un quinqué de vidrio verde del color del preciado néctar.

Re...córcholis, Re...pamplinas, Re...vólver. Las doce en punto en el reloj de pared y una traca de fuegos de artificio hizo gemir mi corazón. John Lennon rasgó su guitarra eléctrica y afiló la siniestra guadaña de la muerte que, de un manotazo mortal, me encajó en un féretro negro de pino. Un borracho entonó la danza prima besando a su novia en la orilla del mar.

El Correo lució en páginas centrales una bonita esquela.

La Sinfonía en Re…? finalizó con el fortísimo RE...STALLÓN.

Muerto en acto de servicio

R.I.P.

Tratado fantástico de las sombras

Eran los años más felices de mi vida y de la de muchos que se aficionaban a la bohemia y a las espléndidas fiestas. Corría el champán, el libertinaje y un cierto halo de romanticismo embargaba a las gentes. Eran los felices años veinte. Yo por entonces vivía en un apartamento abuhardillado en pleno centro de Londres. Mataba el tiempo de fiesta en fiesta y mis abultadas rentas me conducían a un desatino desordenado. Mi mente, sin percatarme de ello, enfermaba. Los excesos me habían llevado al deterioro físico y la cabeza a veces me producía una grandísima tormenta de ideas confusas. Me refugié mucho tiempo en la bebida y en unos cigarrillos de opio traídos de Ámsterdam. Era la decadencia y el desenfreno dentro de una arrebatadora felicidad por la vida bengala. Grandes lujos, buenos trajes, mi bugatti y un sinfín de cosas que me subyugaban la mente y me hacían un ser todopoderoso ante las gentes.

Mi vida bohemia transcurría entre la lectura de Oscar Wilde y las narraciones extraordinarias de Edgar Allan Poe. Pintaba, aunque con sonrojo debo decir que mis acuarelas eran mediocres. La vida era mía y de nadie más, y las gentes eran para mí unos simples eslabones de mi proyecto de vida. Me repetía incesantemente: «El sol nunca se ocultará sobre mí, ni mi muerte podrá vencer estos maravillosos años». Eran tiempos de inmensa felicidad, pero notaba cierta melancolía. Algo en mi cabeza estaba ocurriendo que me arrojaba al precipicio de la infelicidad. Mi mente divagaba en cosas extrañísimas, cosas en las que ningún mortal pensaría jamás. Esto me ocurría cuando, aturdido por el humo de mis opiados cigarrillos, me relajaba en la cama y saltaba de un brinco, encharcado en un sudor frío y con una dolorosísima jaqueca.

Londres era una ciudad espléndida. Sus gentes flemáticas, su refinamiento, su elegancia me hacían sentir el hombre más feliz de la tierra. Desde mi buhardilla escuchaba el canto de un cisne en un estanque, el órgano de una iglesia o el transitar de la muchedumbre. Era un hombre feliz y a la vez enormemente desdichado. Estaba alegre, pero a veces el carácter me jugaba una mala pasada. Algo fallaba en mi cabeza y estaba seguro de que algún día explotaría.

Mi pensamiento desde hacía meses divagaba con una elucubración fantástica. Me decía a mi mismo: «Yo moriré, pero mi sombra jamás morirá». Ni siquiera en el ataúd uno es libre de su propia sombra, en la oscuridad se proyecta hasta el mismísimo esqueleto. Los gusanos devoran el cuerpo pero la sombra jamás. Vive *per secula seculorum.* ¿No será la sombra el alma de cada uno o, quizás, el ángel de la guarda? En mi escritorio escribí unas hojas sobre el asunto con el título: «Tratado fantástico de las sombras». La obsesión crecía y crecía, y sufría enormes pesadillas. La crítica literaria y algunos amigos me aconsejaron que siguiera escribiendo sobre esa idea, pero que no absorbiera mi mente en elucubraciones tan irreales que pudieran hacerme perder el juicio. Me preguntaba por las noches sobresaltado: «¿y las sombras tienen vida humana?»; «¿acaso no es más dichosa mi sombra que yo mismo?».

Abandoné el lujo y el festín diario para entregarme por entero a mi tratado. Analicé mi sombra y hasta recurrí a un laboratorio científico. Indagué, pero no alcanzaba una clave para descifrar el misterio de mi sombra. Parecía que, al hacer más riguroso mi tratado, con la ayuda de especialistas, mi cabeza se ordenaba y era un consuelo el haber salido de tal confusión de creencias. Pero mi sombra me perseguía por todas partes, ora en el baño, ora en el Bugatti, donde quiera que fuese. ¿Acaso estaría volviéndome loco? A veces, en un descanso, mi sombra se proyectaba y parecía burlarse de mí. Yo también me burlaba de ella haciendo sombras chinescas y de animales en el techo de la buhardilla.

Todo esto y multitud de experiencias recogí en mi libro fantástico. Un día, no encontré en mi escritorio las hojas que al principio escribí y en un arrebato de locura pensé que mi propia sombra había robado tan valioso material. De vez en vez no sabía quién era yo ni quién era mi sombra. Formábamos un dúo enemistado. La locura se cebaba más y más en mí. Daba enormes pisotones a mi propia sombra, maldiciendo a Dios y al demonio, rogando que no me atormentara por más tiempo. Era mi sombra mi peor enemigo y decidí quemar mi tratado en la chimenea. Al fuego habría echado también a mi sombra, pero para eso debería morir yo con ella. Amaba tanto la vida que deseché la idea.

Londres amanecía lluvioso y gris encapotado. Sobresaltado, salté del sillón y bajé al estanque para ver los cisnes. Era un entretenimiento que solía hacer a diario. Salté la barandilla y me tumbé en la hierba mojada. Mi sombra se proyectó sobre el agua del estanque y con una varilla que encontré en el suelo la golpeé con fuerza. Gritaba: «Maldita hija del demonio, ¿hasta cuándo tendré que soportarte?».

En esto mi cuerpo se paralizó, me sentía morir. Aterrorizado, intenté levantarme. El cisne cantó, la vida me jugaba una mala pasada, tanto exceso me llevaba a la tumba. Mi sombra balbució unas palabras, reía a mandíbula batiente y permanecía proyectada por unos escasos rayos de sol en el agua del estanque. Ella vive por siempre jamás y yo muero con el último canto del cisne.

Eran unos años felices, los felices años veinte. Toda vida acaba como empezó.

Tratado de Filosofía

Filosofía griega

Los Chiripitifláuticos. Rama de la filosofía griega, cuya principal creencia es la inmovilidad del hombre. Su teoría básica es que los hombres deberían ser de goma para evitar cualquier roce físico que los canse y desgaste. Respetan la prohibición de bañarse en el agua, porque creen que el cuerpo pesa más y el hombre se agota. Pasean desnudos por el ágora. Para no cansarse dan sólo una media vuelta.

Su principal exponente: el Tío Aquiles. Afirma que el estar parado alarga la vida sin exponerla a los peligros que supone el movimiento. Sus discípulos: el capitán Tan y Locomotoro (del latín *loco:* lugar, y *motoro:* movimiento).

El movimiento se demuestra andado. La vida permanece si es estática. No aman a los hombres ni a las mujeres. Aman la pasividad de las plantas.

Fueron acusados de holgazanear y condenados a beber cicuta por crear una generación de haraganes.

Las estatuas inmóviles son sus dioses. Su himno, la canción de los chiripitifláuticos.

El tío Aquiles fue alcanzado por una flecha en el talón.

Los Lunnis (del latín *lunnis:* luna). Alcanzan gran éxito a la muerte de Platón y Aristóteles. Sus principales enseñanzas son el contar estrellas. Fueron acusados de lunáticos, brujos, hechiceros. Sólo iban al ágora los lunes. Su único cometido en el mundo es contar estrellas. Por tan soberana estulticia fueron ejecutados siendo arrojados por un barranco.

Los Esdrúlicos. Expertos en filosofía griega. Apenas tenían que saberse tres cuartillas y medio folio. Son los hombres que no amaban a las mujeres, ni a los hombres, ni a las plantas. Sólo se amaban a sí mismos. El hedonismo es su principal arma, el culto al cuerpo, a la bebida. Su doctrina fue condenada por paganismo.

Crearon una corriente filosófica que practicaba toda Atenas, aunque nadie se reconocía esdrúlico por temor a ser acusado de pagano. Los dioses griegos estaban hartos de los esdrúlicos y éstos fueron quemados en el Templo de Olimpia.

El máximo exponente de esta corriente fue Tocomocho, hábil en desplumar a los infelices. En toda Grecia fueron denostados. Se les prohibió la entrada al ágora.

Los pitagóricos (del latín *pita*: pan, y *górico*: escabroso, violento, *gore).* Su principal pensamiento, los números: un globo, dos globos, tres globos, la luna es un globo que se me escapó.

No dieron para más.

Filosofía medieval

Escolástica. Su máximo representante: Santo Tomás de Aquino, doctor angélico. Encuadrados en la escolástica, algunos postesdrúlicos, que continuaron el pensamiento de los primeros esdrúlicos, estudiaron las cinco vías: las orejas, las fosas nasales, la vagina, la boca y el ano. Estos postesdrúlicos eran el súmmum de la estupidez.

La herejía postesdrúlica fue condenada por la Iglesia. Fueron quemados vivos en la hoguera.

El tomismo alcanzó enorme auge.

Filosofía moderna

Racionalismo: René Descartes. Máxima: *Cogito ergo sum.* Pienso luego existo.

¡Vaya listo el Descartes! Los esdrúlicos apenas piensan, pero saben que existen.

Máximo exponente: la figura preclara del pensamiento «El Asno de Rotterdam».

Filosofía actual

Starsky y Hutch. Corriente de pensamiento norteamericana cuyos principales exponentes fueron Starsky y Hutch. Se suicidaron al reconocerse en la televisión. Con los hombres de Harrelson, dan vida a un fenómeno del pensamiento que es el de la pura acción.

No han calado en la sociedad.

Neoesdrúlicos. Fenómeno filosófico de gran auge en España. Su máximo exponente: José Luis de Dios. Recoge toda la sabiduría esdrúlica, acentuando la sátira, lo sarcástico, lo campechano; amante de grandes enigmas, de lo arcano y misterioso. La mordacidad, la ironía y la sorpresa son claves en este pensamiento filosófico.

Las conferencias de José Luis de Dios en la Quinta del Berro son de enorme importancia para la historia del pensamiento. Todos somos filósofos, pero José Luis crea escuela.

Tratado fantástico del movimiento

La historia de la ciencia está llena de casos en los que la intuición y la sagacidad juegan un papel resolutorio para alcanzar una teoría o ley natural. Así, mientras sesudos científicos se entregan en su laboratorio a profundas reflexiones y experimentos, a algunos cerebros se les enciende la luz de la claridad en milésimas de segundo y hallan en un descanso intranquilo, en un fogonazo de locura, en un arrebato de pasión o quizás, como Isaac Newton, al caer una manzana de un árbol, algunas de las teorías más firmes de la ciencia. Un hecho fortuito llevó a Arquímedes a exclamar «¡Eureka!», al introducirse en la bañera, y le trajo la dicha de formular el teorema que lleva su nombre.

Multitud de anécdotas están emparentadas con los primeros rudimentos de la ciencia clásica y aun con la ciencia moderna. F.A. Kekulé, según afirma Isaac Asimov, descubrió la estructura del benceno mientras dormitaba en un autobús. Otto Loewi halló en pleno sueño la solución del problema de la conducción sináptica. Donald Glaser dio con la idea de la cámara de burbujas cuando miraba absorto un vaso de cerveza. Isaac Asimov afirma y constata estos datos, que son ya patrimonio de la historia de la ciencia.

Sirva este breve prefacio para exponer con claridad mi tratado fantástico del movimiento, una idea salida de un arrebato de locura, de una concatenación de hechos y secuencias, de una maldita canción de cuna. A pesar de que no soy científico —ni muestro el más mínimo interés en ello, pues soy un pésimo estudiante de Historia—, mi deseo es ofrecer a algún sesudo estudioso de la rama de las ciencias exactas una teoría que bien puede ser una genialidad o una soberana estupidez.

A lo largo de los años, mi padre, en mi infancia, me cantaba la canción de la rana. Ya saben: estaba la rana cantando debajo del agua, vino Fulano y la hizo callar, y así sucesivamente hasta embrollarse en una parentela repetitiva. Mi primo me atormentaba con el cuento de la buena pipa, todo un galimatías que conduce siempre a la misma idea. Siempre me he quedado aturdido por las fichas del dominó que caen una tras otra en hilera y he experimentado la misma sensación con las barajas de cartas que, movidas por algún crupier, se deslizan como por magia.

Todo, un sinfín de movimientos repetitivos. Pero la duda que me asalta y me atormenta es la de si todo movimiento tiene alguna relación con otro. Es una soberana estupidez o una locura de un enfermo mental. No sé, el tiempo lo dirá.

Un sesudo científico afirmaría: «El movimiento es infinito». Ni el olor, ni el sabor, ni ningún hecho circunstancial pueden relacionar todos los movimientos con otros. Pero, ¿y en otros mundos, en otras galaxias, con otro poder mental superior? Francamente, yo no lo sé y mi ciencia no alcanza a comprenderlo. A mí me encanta pensar que algún día alguien descubrirá la relación que existe entre todos los movimientos, de tal forma que se pudiera trazar la historia de la humanidad a partir de cualquiera de ellos. Si pienso en mover un cenicero, sabré el movimiento de mi mano y, así, el de mi brazo y el de mi corazón.

¿Acaso esto es un sueño o un delirio? ¿Es ficción o realidad? No lo sé, me duele profundamente la cabeza. Me quedo por el momento con el cuento de la buena pipa, el deslizar de las fichas del dominó, el barajeo de las cartas. ¿Fantasía o verdad? Como diría Clark Gable: «Francamente, querida, me importa un bledo».

Un mundo en... Stop

Cierto día la tierra perdió su movimiento de rotación por el impacto de un meteorito. Parecía que el mundo se había cansado y pedía a gritos: ¡Basta ya! El mundo se había topado con una señal de *stop*. La tierra parecía protestar con un minuto de silencio.

Me encontraba sentado en un banco de un parque. Las personas se convirtieron en estatuas. Los perros tenían algunos la cola en alto, otros en punta; algunos tenían la pata levantada al lado de un árbol que no movía ni una hoja. Hasta el viento se había parado como si por orden de Eolo se tratase. Intenté levantarme del banco y, con enorme sorpresa, me puse a caminar. Al cruzar la calle, un guardia urbano que tenía el pito en alto, en el buen sentido de la palabra, paraba la circulación. Los coches, autobuses, peatones, todos más tiesos que mi tatarabuela.

Es como si la lava de Pompeya hubiera petrificado a la humanidad. Los relojes se pararon a las cinco y media de la tarde. Llovía. La lluvia se paró. Los semáforos, algunos en verde, otros en rojo. Algunas personas, coloradas de vergüenza, habían quedado suspendidas haciendo cosas escabrosas o, simplemente, desnudas en sus casas.

Viaje al interior de mi cerebro

Una masa de neuronas, un amasijo de materia gris, con viva efervescencia, bulle en el interior de mi cerebro. Un cableado trenzado de neurotransmisores me produce las sensaciones alucinantes que brotan de mi subconsciente. La chispa de mi inteligencia perspicaz y lógica se halla en la cúspide del cerebelo y en la glándula pineal, en la que, como afirmaba el filosofo René Descartes, se encuentra oculto lo más profundo del alma humana, los mejores sentimientos, las más abyectas pasiones, el sentido del ser.

Cogito ergo sum — «Pienso, luego existo»: profunda filosofía del ser humano, culto al cerebro y a la suprema inteligencia. «Santa palabra, para alumbrar a los idiotas». Tal como el ejercicio físico es bueno para el músculo, así el cultivo de la sana filosofía perenne es de suma utilidad para mi cerebro.

Me sumerjo en un mar de dudas al viajar a mi cerebro con las increíbles técnicas de los científicos: aparatos electromagnéticos para vigilar el insomnio, la percepción visual, las causas del placer a través de las endorfinas, el escáner cerebral y el electroencefalograma. La profunda imbecilidad, rayana en la oligofrenia, de algunos sujetos, comparada con la vivísima chispa de mi materia gris.

Aún se conserva, en formol, el cerebro sumamente lobulado de Vladimir Ilich Ulianov, más conocido por Lenin.

Su cerebro es enorme y denota una profunda inteligencia. Mi cerebro es casi una copia calcada: la ampulosidad de los lóbulos, la grandeza del cerebelo. Los análisis del electroencefalograma ponen de manifiesto una gigantesca actividad creadora e imaginativa.

¿Cuánto hay que estudiar del complejísimo órgano cerebral? Inmensos ríos de tinta podrían correr acerca de este soporte intelectual del hombre. Mi cerebro es como una inmensa nave de vapor, como una olla a presión que bulle, creando los más bellos pensamientos, sintiendo los más bellos cuerpos, los más profundos olores, procesando como una máquina computadora todo lo imaginado, lo creado y lo que queda por inventar.

Al ver las Meninas de Velázquez, mi cerebro se emociona, vibra, salta de alegría. Al escuchar la novena sinfonía de Beethoven, mis endorfinas me trasmiten poderosas energías. Al pasar una velada amorosa en un hotel, con una rubia angelical, mi cerebro se estremece de pasión desenfrenada.

El viaje al interior de mi cerebro es un encuentro fascinante, una aventura prodigiosa. Hay que dar un salto al vacío entre la imbecilidad de algunas gentes y mi poderosa mente creadora. El dolor que experimento al ser mordido por un perro o arañado por un gato lo proceso en mi cerebro y con mi inteligencia encuentro en el dolor, placer, y en el odio, amor, pues el dolor a veces es placer y el odio es una fuerza apasionada del más profundo amor.

He donado mi cerebro al banco de tejidos. Ellos sabrán valorar mi inteligencia creadora. Quizás cuando mi cuerpo inerte esté en un ataúd en el cementerio, mi cerebro, ese que «piensa, luego existe», esté siendo estudiado y sea conservado como una auténtica reliquia, al igual que el viejo cerebro del líder revolucionario ruso Vladimir Ilich Ulianov.

Un viaje en la máquina del tiempo a la prehistoria

Eran las siete y media de la tarde de una primavera florida. El arqueólogo Jesse Williams pretendía viajar al pasado más remoto de la humanidad en la máquina del tiempo construida por la NASA. Iba recubierto de una piel de jabalí para camuflarse entre los hombres del paleolítico y llevaba un hacha de mano. A las ocho, después de la cuenta atrás, Jesse estaba ya en una cueva prehistórica gracias a la máquina del tiempo. Ocultó tras unos matorrales la máquina y empezó a examinar el terreno. La fauna y la flora de la prehistoria eran como las había estudiado. Sacó de su bolsa de pieles un encendedor y se fumó un cigarrillo. Se rió y se dijo:

—¿Quién lo diría? Un australopiteco fumando...

Jesse se bañó en un riachuelo y se dirigió bosque arriba intentando localizar a población humana. Su misión era encontrar el misterioso eslabón perdido entre el simio y el hombre. Ya había andado cinco leguas de camino, cuando encontró un poblado de zinjantropos. Eran mitad monos, mitad hombres, aunque andaban erguidos, y su cráneo no estaba todavía muy desarrollado.

Se escondió tras un árbol y encendió un pitillo. El encendedor se cayó al suelo y prendió fuego a unas hierbas que formaron una llamarada espectacular. Le habían descubierto.

—Maldita sea —dijo Jesse.

Los prehistóricos empezaron a adorar a Jesse; hacían genuflexiones ante el poder del fuego; era su nuevo Dios. Jesse comprendió que los prehistóricos no sabían lo que era el fuego y gracias a él lo habían descubierto.

—¿Quién me iba a decir a mí que yo descubriría el fuego?

Jesse fue adorado como un Dios por los hombres-simio, quienes sintieron su marcha en la máquina del tiempo rumbo al año 1997 en América.

Una noche en la vida de un hombre sin importancia

No puedo ocultar que me tiene fascinado esa chica que se pone todas las noches en los sofás del lado izquierdo de la discoteca. Es bellísima, aunque tiene un parecido sorprendente con una persona que ahora no caigo en quién es, pero no dejo de darle vueltas a la cabeza. Me rasco el cogote y lo tengo en la punta de la lengua. Francamente sería muy raro que él estuviera aquí, aunque un día vi un perro verde y no le di la mayor importancia.

La verdad, qué a gusto se está en la discoteca viendo chicas bonitas y a mi amigo J.J. poniendo discos a la velocidad del relámpago. Le llamamos el «hombre pájaro» pues se tiró de un cuarto piso y gracias a Dios no se mató. La vida le ha dado otra oportunidad. Aunque no tiene importancia. J.J. no es ninguna maravilla. Es un pobre loco desgraciado.

—¿No puede ser él? ¿Que no puede ser? —le dije.

—Mira, te has tomado catorce cubalibres y estás delirando —dijo J.J.

De todas maneras, la chica, aunque bellísima, se le parece. Pero es tan difícil que sea él como encontrar una aguja en un pajar. Una vez me encontré una lentilla en el pajar de la casa de mi abuelo y no le di importancia.

J.J. pinchó el disco: «Sufre, mamón, devuélveme a mi chica», «Voy a vengarme de ese marica»...

Yo tatareaba la canción a coro con el barman de la discoteca, un esquizofrénico que mascullaba entre dientes: «I have a dream», «I have a dream», mientras preparaba un Martini, cosa a la que no di ninguna importancia.

J.J. pinchó otro disco para bailar agarrados. Me apetecía sacar a la chica a bailar pero no me atrevía. Así que pinchó: «¿Y quién es él? ¿A qué dedica el tiempo libre?»

—No puede ser. Jopé, estoy hasta arriba de cubalibres y con cinco porros a las espaldas. No me extraña que piense tonterías.

Ella es alta, morena y con buen tipo. Pero la verdad, lo juro, el parecido es tanto como el que hay entre dos gotas de agua.

—Es imposible que esté aquí.

Aunque una vez, visitando el círculo polar ártico, me encontré con 73 elefantes al lado de un iglú y no le di importancia.

J.J. puso otra canción mientras yo me enamoraba de la chica del sofá. Aunque tengo mala vista, se parecía a él.

No cabía duda: era él. Aunque una vez a un hombre muy pequeño, del tamaño de un dedal, no le cabía la menor duda y no le di importancia. Un hombre tan pequeño como José Luis Coll metido en su hongo negro; tanto me hacía reír que empecé a tomarme la vida como el pito del sereno.

—Menuda noche que llevas. Estás borracho como una cuba. Te voy a poner a Mecano.

«Hoy no me puedo levantar... El fin de semana me dejó fatal...»

—Jopé, supongo que será un presagio. No cabe la menor duda: es él.

La noche iba entrando en calor. Perecía que me iba a ligar a esa chica, la noche prometía. Aunque sé de uno que decía «Puedo prometer y prometo» y no cumplía nada de lo prometido. A pesar de todo, qué más da, no le di importancia.

La chica salió a bailar.

—Pero no puede ser, sí, es él. Él mismo. Nadie más qué él. Yo me largo, J.J. Si es él, yo me largo.

—Déjate de bobadas, que no es él.

Y recortado en el humo espeso de la pista de baile danzaba Osama Bin Laden vestido de *dragqueen* en Pasapoga.

—Julai, alai. Julai, alai.

Lo juro: es él. Aunque no le doy la menor importancia.

Una persona enigmática

El Ciego

Gracias a Dios mi ceguera me ha dotado de un agudísimo sentido del tacto. Mis manos y toda la piel me dan la enorme satisfacción de dibujar siluetas, hacer un retrato de gran precisión al palpar un rostro o notar el estado de ánimo de una persona según el roce de su piel. Aunque mis ojos no vean, el tacto me da una visión de la realidad bastante acertada. He sido educado en la ONCE para suplir la vista por el tacto, el oído, el olfato y el habla. Yo trabajo para la policía nacional, que suele contar con mis servicios cuando se necesita palpar una prenda de vestir, oler el sudor de un sospechoso, escuchar oculto en la lejanía y testificar con mi palabra.

Así es el caso policial que nos ocupa:

Estaba sentado en una mecedora cuando escuché unos platos caer al suelo. Me inquieté y extendí mi bastón blanco hacia el ruido. Me asomé a la ventana y escuché unos pequeños silbidos y un lento deslizar por el canalón. Pensé que podía tratarse de una rata o una paloma o un pajarillo.

Entonces noté que abrían como una cloaca. El olor fétido me llamó la atención. Alargué mi brazo y pude palpar un pelo rizado. Bien podría ser una rata o un gato. No cabía duda de que tenía que ser un animal pequeño para ocultarse en las cloacas.

Yo supongo que era una rata por el olor, pelo y tamaño. Una rata de ciudad.

El sordo

Desde mi nacimiento soy sordo, algo que hace que tenga una vida interior profunda. He desarrollado mi sentido del olfato y del tacto. Llevo trabajando en la policía nacional desde hace años.

Mi olfato es agudísimo. Desde mi posición, en una ventana inferior a la de mi compañero el ciego, no he podido ver nada. Pero olisqueando he olido a sardinas, a mandarina, a sudor humano y a sangre. Pienso que se ha podido cometer un crimen.

¿Pero cómo han podido escapar por las cloacas? Sobre todo, ¿cómo han subido por el canalón, tan fino y delicado, sin romperlo? Alguien ha subido, ha tirado los platos y ha escapado.

Yo supongo que la mano de un hombre está detrás de esto.

Sí, sin duda.

El policía nacional

Jamás en mi carrera he conocido un caso igual. A mí no me cabía la menor duda de que detrás de este enigmático suceso había un hombre. Su pelo era rizado, era pequeño y olía a sudor y sangre. Se hizo una brecha de la que sangró abundantemente.

Mis investigaciones me llevaron a suponer que sus piernas debían de ser robustas y cortas. Tras romper los platos enfurecido y tirarlos por la ventana, se subió al canalón y escapó. Nadie podría hacerlo sino un enano.

Cerramos el caso, con tres versiones de un mismo hecho.

Yakamura

El comisario de policía exhaló una bocanada de humo de su cigarrillo. Sosteniéndolo en la comisura de los labios, enrarecía el despacho con un sucio olor que enloquecía a los «loros de Yakamura». Éstos, en sus jaulas de alambre, chillaban presos de locura ante las amenazas del loro capitán Yakamura. Al subir Yakamura el tono de voz, los loros se ponían tiesos como velas y sus afiladas garras se arqueaban por temor a su jefe. Yakamura era un valioso regalo de la embajada japonesa. El loro se había hecho famoso por repetir la cantinela: «Yakamura nº 42».

La policía entrenó duramente a tres loros y dos papagayos, instruyéndolos como comando especial. Dominaban las artes marciales, la lucha con sable, el espionaje, el arte del camuflaje y todo tipo de técnicas para la captura de delincuentes.

Yakamura era un pájaro bastante estúpido. El comisario lo odiaba con toda su alma.

—¡Yakamura nº 42! ¡Yakamura nº 42! —chillaba en su jaula.

El comisario, enfurecido, le arrojó el cenicero.

—¡Maldito pajarraco miserable! Si no fuera por el embajador, te haría picadillo.

El policía, entornando los párpados, quedó profundamente dormido.

Uno de los loros era Triki-Triki, experto en camuflaje y espionaje de delitos eróticos, amorosos y hasta muy pornográficos. Siempre llevaba en un ala una videocámara con la que escabrosos despelotes se grababan. A modo de ejemplo: mi amor, tus tetas, ¡ay, qué culito!, cariñito mío, mis pelotas, pichoncito mío. Era un poco cotilla y chismoso.

Un día le dijo a Yakamura:

—Hoy he visto desde una ventana a dos peligrosos delincuentes haciendo el amor. Que si triki-triki por aquí, que si triki-triki por allá. Mira lo que tengo en la grabadora: «culito mío», «tetas grandes», «tócame las pelotas» —le mostró a Yakamura—. Luego he escuchado: «robo del banco», «mi pistola» y «prepara la metralleta».

Inmediatamente informaron al comisario.

—¡Yakamura nº 42! —gritó el pájaro.

—¿Qué? ¿Qué pasa? —se despertó el comisario.

Triki-Triki pasó marcialmente.

—He sorprendido a dos mafiosos. Miré por la ventana y escuché: pistola, tetas, culo, metralleta, por mis pelotas, granada, dinero, maletín.

—¡A por ellos! —dijo el comisario.

Y soltó por la ventana a Yakamura, a Triki-Triki, a Traka-Traka y a los dos papagayos: los «loros de Yakamura» en acción.

Traka-Traka se comía todo lo que pillaba. Se había comido la pizarra, el borrador, las tizas, la gabardina del comisario y hasta el perchero. Confidencialmente le dijo a Yakamura:

—Pásame la metralleta cuando tenga a tiro a esos malhechores. No me quites la oportunidad de la gloria.

Y zampándose un bolígrafo, una agenda y una mosca, sonrió.

—No te preocupes. Te daré la metralleta para el traka-traka final —dijo Yakamura.

El comisario estaba preocupado. Pensaba que tres loros inútiles y dos papagayos aún más tontos le iban a buscar un serio problema con el embajador nipón. Bastante tensas eran las relaciones después de que el embajador hubiera estado alabando al comando de loros ante el escepticismo del policía. Pensó que esta operación lo pondría de patitas en la calle. Mientras se rascaba la nariz pensó en su mujer: tus tetas, tigre mío, tu culito, espadachín de la justicia, solete, mi pajarito. Se le entornaron los párpados y cayó profundamente dormido con los brazos sobre la mesa.

—¡Es el nº 42! ¡Es el nº 42! —dijo Yakamura.

Un griterío de loros dejó muda a la pareja mafiosa, que empezó a disparar. Los loros se lanzaron a picotearles sus cuerpos desnudos: les habían pillado en plena acción. Cogidos *in fraganti,* desnudos, saltaron desde un balcón.

—¡Huyamos, por mis pelotas!

—¡Ahora, Traka-traka! —dijo Yakamura.

—¡Traka, traka, traka, traka, las pelotas!

Y, como si fueran albóndigas, se las zampó.

—¡Qué dolor tan inhumano! ¡Escapemos, Marieta!

—Traka, traka, traka, traka —les ametralló, zampándose la metralleta. Dos cuerpos desnudos en el suelo, fulminados a tiros.

En la embajada japonesa todo eran felicitaciones, alabanzas y parabienes para el comisario. Éste encendió un cigarrillo, sintiéndose enormemente satisfecho. El embajador le condecoró. Los «loros de Yakamura» fueron también condecorados.

Después de largos años de servicio, Yakamura regresó con gloria al Japón, a su domicilio en Tokio, en la calle Yakamura nº 42. Una multitud de cámaras dispararon sus flashes en el lugar desde donde hace años Yakamura dio el salto a la fama.

Diario del diablillo

Amanece un sol abrasador en el infierno, hace mucho calor y los condenados se abanican para mitigar el sopor. El diablillo está tumbado en una hamaca con un negro abanicándole. Sostiene un cuaderno y un tizón con el cual escribe su diario. El diablillo menea la cola y usa su tridente para azuzar a los desdichados. Toda una eternidad de infortunio les espera.

El diablo anota en su diario:

8:00 — Hoy a los condenados los he pasado por el torno de pinchos. ¡Ja! ¡Ja! Era muy divertido. ¡Cómo gemían y lloraban! Mientras leía el periódico «Fuego eterno», he encadenado a una chica y le he arrancado la piel a tiras. Muy edificante.

9:00 — Hoy he hablado con San Pedro y le he arrebatado dos almas más para el infierno. ¡Qué bien estarán aquí calentitos!

12:00 — He subido a la tierra a extraviar a los hombres. Los tengo presos de la codicia, la lujuria, el crimen. Estoy muy feliz.

18:00 — Hoy he recibido el glorioso título de «Príncipe de las Tinieblas». ¡Qué honor más distinguido!

22:00 — Ahora voy a avivar la caldera y a echar más carbón al fuego. Luego iré a dormir pero no soñare con angelitos, sino con diablillos de tridente.

El ajedrez

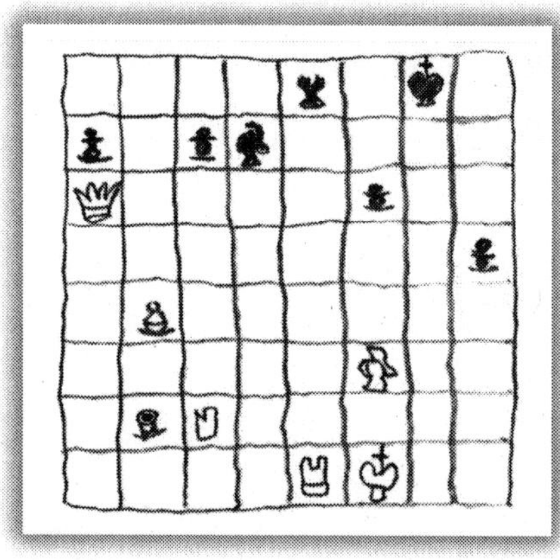

El ajedrez es un invento indio. Es un juego y a la vez una lucha. Juegan blancas y negras, figuras y peones.

Un día, en un café, se disputaba una encarnizada partida. Dos famosos ajedrecistas rusos, uno alcohólico y otro loco, pero con un cociente intelectual que rayaba en la genialidad, jugaban un *match* a muerte. Digo bien: a muerte. Se apostaron un disparo en la sien si perdían la partida. Uno jugaba con las blancas demostrando una defensa férrea con los peones y otro un feroz ataque que acorralaba al contrario, obligándole a forzar un enroque.

Los maestros estaban sentados en una mesa de madera y jugaban con figuras de porcelana del siglo XIX. Los peones estaban perfectamente realizados y los caballos parecían galopar por el tablero cuando Ivanovich comenzó su despiadado ataque a la dama.

Golvov lloró. Había perdido su figura más preciada, la hermosa reina. Estaba acorralado, su defensa no había sido tan eficaz. Miraba el revólver y se le saltaban las lágrimas. Un sudor frío le heló la espalda.

La partida continuaba. El alfil, genial en las diagonales, derrotó a espada a un peón que caminaba solitario por el campo de batalla.

Ivanovich sonrió y bebió un lingotazo de *peppermint*, mientras hacía un aro con el humo de su pipa de coral. Golvov tembló y retiró a su peón solitario. Las doce y media marcó la campana del reloj de pared. La partida era a muerte; tres horas intensas de juego estaban derritiendo las sienes de Golvov antes de que se tuviera que pegar el pistoletazo.

Golvov había estado recluido en un hospital mental, su sistema nervioso era sumamente delicado. Reflexionó: «Un alfil en la casilla 6d y un peón en 4c. Quizás pueda forzar unas tablas. No sé, no sé. Tal vez atrase mi torre como gran baluarte defensivo y desde lo alto pueda dar un jaque mate». Se rascó la nariz y movió su torre a 7b.

Ivanovich se puso pálido. Veía venir una jugada mortal. Derramó sobre la mesa de madera el largo vaso de *peppermint* y, como intentando defenderse con un escudo gladiador, lanzó su reina.

—¡Grave error! ¡Muere, Ivanovich! —dijo con un suspiro de alivio Golvov—. ¡Jaque mate!

Y el rey, indefenso y tiritando como Ivanovich, fue derrocado y muerto.

Ivanovich se saltó la tapa de los sesos. La sangre salpicó el campo de batalla. El gran rey del ajedrez ha muerto.

El clavel en el ojal

Lo leí en el periódico, un anuncio en cursiva y recuadrado: se busca joven apuesto y varonil para mujer casada sexy. Me decidí a llamar al teléfono indicado. Una joven con voz dulce me atendió y después de hablar unos minutos quedamos en el kilómetro cero de la Puerta del Sol. Tenía que llevar un clavel rojo en el ojal para que me reconociera. Así lo hice. Me arreglé, me eché colonia y me puse un bonito clavel rojo en la americana. Estaba ilusionado por conocer a la joven; me la imaginaba rubia, de ojos verdes, de unos treinta años y con un tipo perfecto. Estaba ansioso por que pasaran las horas para la cita. Cogí al fin el autobús y me dirigí al encuentro. Esperé unos minutos en el sitio y vi llegar a una joven bellísima, rubia, de ojos azules —no verdes como pensaba—, con un cuerpazo de escándalo. Vi que se fijaba en el clavel y me dirigió la palabra: «Eres el joven que buscaba, muy atractivo. Ven conmigo; tengo un bonito apartamento para encuentros».

Agarrados de la mano y dándonos de vez en cuando algún beso que otro, nos dirigimos a su apartamento de El Viso. Era precioso, con un inmenso jacuzzi para todas las fantasías eróticas que pudiera imaginarme. Ella me besó y me fue desnudando con ternura. Estaba contento y empecé a desnudarla. La tumbé en la cama, llevaba unas braguitas rojas de encaje. Se las bajé y ¡horror!: un pene enorme colgaba de su entrepierna. Aterrorizado corrí al váter a vomitar. Después bajé las escaleras del apartamento y salí por piernas huyendo del horrible travesti. Era el fin de una aventura con engaño.

Ha nacido un monstruo

El rayo quebró la farola que se divisaba desde la ventana de la maternidad. Un trueno estremecedor hizo vibrar la sala de partos. Eran las doce y media de la noche. El silencio se volvió a hacer en la habitación. Un bebé nacía al mundo con el cabello erizado. Con su inmenso llanto quebró la paz de la sala. El ginecólogo dio un grito estremecedor. El bebe sacó su lengua y era una lengua de lagarto. La tormenta cesó y sólo se escuchaban los lloros del niño. El bebé tenía escamas en toda la piel y un inmenso rabo que le salía por la espalda. La madre se debatía entre la vida y la muerte y al cabo de una hora falleció. La prensa dio la noticia del niño monstruo. Esto ocurrió el 12 de febrero de 1965.

Treinta y un años después el niño se había hecho hombre. Había tenido que vivir humillado, burlado, acosado por las injurias y el terror de las gentes. Pero era un buen hombre: se afanaba en su trabajo de barrendero e intentaba mostrarse amable; hacía buenas obras.

Ese mismo año el monstruo fallecía en una habitación de hospital víctima de una neumonía. De nuevo un rayo quebró la paz de la habitación. El cabello se le erizó por última vez. El médico se encargó de dar la noticia a la prensa: «Hoy ha fallecido el hombre-lagarto, un buen hombre que se hizo querer y amó mucho».

La belleza de Narciso

La belleza, como la sabiduría,
ama al adorador solitario.

OSCAR WILDE.

En la luminosidad del dormitorio hallábase un espejo ovalado con un marco de pan de oro. Frente a él se encontraba Narciso, el bello, contemplando su cuerpo desnudo, perfecto como el de un atleta griego y modelado por el ejercicio diario. Miraba las finas facciones de su rostro, de orejas pequeñas, nariz proporcionada, bellísimos ojos azules y boca de piñón. Tenía, en definitiva, una bellísima figura y una cara angelical.

Narciso se amaba a sí mismo; era su principal adorador. Le habían puesto ese nombre porque su belleza tierna recordaba a la de aquel otro Narciso, ahogado en la belleza de su reflejo en el estanque.

Todas las mañanas Narciso se levantaba y se miraba en el espejo ovalado situado frente a la ventana. Un día vio, turbado y pálido, una cicatriz en su cara. Le cruzaba la mejilla izquierda. Horrorizado, lloró y se arrojó desesperado por la ventana del dormitorio a la calle. Murió sin saber que esa supuesta cicatriz era un leve corte en el espejo ovalado producido por una corriente de aire. Y aquí termina la bella historia del bello Narciso.

Un bolso de mujer

Eran las siete y media de la tarde. Mientras tomaba una taza de té en una cafetería, leía un libro de poemas y me entretenía dibujando una caricatura en una servilleta. Salí un cuarto de hora más tarde, rumbo a casa, cuando vi unas piernas esbeltas y bellas de mujer entrando en un coche negro. En ese momento, me di cuenta de que a la mujer se le había caído el bolso a la acera. El coche giró en la esquina y se marchó velozmente. Recogí el bolso y me senté en un banco. Estuve un buen rato revolviendo el bolso: crema de maquillaje, una barra de labios, un espejito, una tarjeta de crédito. Me marché a mi casa y allí pude seguir investigando. Esas piernas de mujer no se me podían pasar de largo. Tenía que encontrar a esa belleza.

Entonces di con una tarjeta de visita que decía lo siguiente:

Estudio de danza clásica
ALICIA DEL PINO
C/ ARANDA, Nº 7

Tomé el coche y me dirigí al estudio de danza. Éste se encontraba en un semisótano por cuyo tragaluz pude ver a unas mujeres bailando danza clásica. Allí volví a ver esas piernas de mujer. Eran unas piernas difíciles de olvidar, finas, perfectas. Entonces decidí devolver el bolso a su dueña con la intención de invitarla a cenar. Estaba completamente enamorado. Volví a mirar por el tragaluz para ver esas hermosas piernas. En el mismo momento en que por fin me disponía a entrar, ella salía y ¡cuál sería mi sorpresa! ¡Dios mío! ¡Qué horror de mujer! Tenía pelos en el bigote y una verruga que coronaba su nariz torcida, sus orejas eran dumbóticas y hablaba con voz de pito. ¡Era horrible, una pesadilla! Cogí el coche y salí disparado para mi casa.

Una partida de cartas

El silencio se hizo en la salita. Un verde tapete cubría la mesa de juego. El reloj de pared dio las siete. Los jugadores sostenían los naipes en la mano, acariciándolos, mientras sorbían unos buenos lingotazos de *gin-tonic.* Todo daba la impresión de una escena del oeste. El viejo babeaba sobre las cartas y encendía los ojos vivaces como si llevara una buena mano. El joven libertino llevaba un trío de ases y guiñaba el ojo a la camarera de vez en cuando. La anciana experta llevaba un full de reyes-ases; tenía la partida ganada. El joven se descartó de dos y no consiguió formar póquer. La vieja, riendo, se quedó servida. Alguien encendió una luz. El joven mostró sus cartas y la vieja, las suyas.

—He ganado la partida —dijo la vieja.

—Sí, has ganado. ¿Jugamos otra?

—Sí —dijo el viejo.

La vieja barajaba las cartas con una maestría envidiable. Las cartas saltaban y bailaban en sus manos, que manejaba con grandísima habilidad. El joven aprovechó para esconderse una dama en la manga y guiñó el ojo a la camarera en señal de complicidad. La vieja dio las cartas. El viejo llevaba un póquer de reyes; era su gran oportunidad. La vieja llevaba un póquer de ases. Decidió ir a por todas y apostó mil dólares. El joven libertino tenía tres damas y un comodín; se sacó la dama de la manga para formar repóquer. La vieja lo vio y calló.

—He ganado —dijo el joven.

—Sí, has ganado —dijo la vieja.

Perdido todo su dinero, la vieja y el viejo marcharon hacia el hotel. El joven recogió la dama de la mesa, besó a la camarera y la subió a su habitación. Le propuso que pasaran una noche desenfrenada y ella aceptó. El joven le mostró la dama que le había hecho ganar.

—¡Ja, ja, ja! —dijo la camarera.

—Les he engañado —dijo el joven.

Entonces empezaron a desnudarse. La joven camarera cogió la dama y por un momento, como en el relato de Alexander Pushkin, vio en el naipe a la vieja.

—¡He visto en la dama la cara de la vieja! —gritó horrorizada.

—Sí, como en el cuento ruso, ¿no? ¡Déjate de tonterías! —dijo el joven.

Entonces la dama empezó a reír y, mientras reía, la camarera se mudaba en una vieja arrugada con voz de cacatúa y el joven, en el viejo que babeaba sobre las cartas. Quedaron convertidos en dos ancianos venerables. Mientras, los que se habían marchado al hotel amanecieron como una apuesta señorita y un joven esbelto.

La dama diabólica empezó a reír y los nuevos viejos a llorar amargamente.

Bloody

Bloody no recuerda a Mary. Ya la había olvidado antes de que se lanzara desde un puente al río Misisipi para morir ahogada en sus frías aguas. Ni el menor pestañeo de sus ojos rasgados: nada parece haber enturbiado su corazón. La amistad que las unía se disolvió como un azucarillo en una taza de café. Bloody nunca llegó a saber con seguridad qué provocó la fatídica muerte de su antigua amiga. Algunos conocidos le dijeron que estaba alcoholizada; otros, que vivía en compañía de un jugador de fútbol americano que la maltrataba. Ni la primera versión ni la segunda le importaban lo más mínimo a Bloody.

Bloody era una máquina, no un ser humano. Era robótica. No tenía ni el más mínimo sentido humano del espíritu: carecía de alma. En el Pub 41 se la conocía por su extrema frialdad. Su aire enormemente atractivo, con su melena pelirroja, encantaba a los hombres, pero no la hacía menos despreciable que cualquier mísera rata de alcantarilla de Manhattan.

Bloody, apoyada en la barra del 41, sorbía un poco de zumo de tomate. Un policía se le acercó y le mostró una fotografía de una joven.

—Sin duda, es Mary —afirmó rotunda.

—Estamos intentando localizar a esta chica. Se piensa que se arrojó al Missisipi o deambula por Nueva Orleans. Si tiene noticia de ella, hable conmigo. Ella fue amiga suya, así que póngase en contacto con la brigada central.

Bloody encendió un cigarrillo. A la marcha del policía quemó su teléfono, pues ni poco ni mucho le importaba el paradero de su antigua amiga. Se dirigió a su apartamento en Manhattan y se acostó desnuda en la cama. Parecía un témpano de hielo. Al poco se despertó bañada en un sudor frío. Había soñado con Mary y por un inexplicable motivo se echó a llorar. Nunca lo hacía, pero presagiaba un destino fatal para su vida.

Miró en el arcón que estaba junto a la chimenea. Buscó varias fotografías; una de ellas era de Mary, en una fiesta de Halloween, con una máscara negra. Empalideció, sintió un golpe como un zarpazo en el corazón.

Cerró la puerta echando el pestillo, puso las rejillas metálicas en las ventanas y se sentó con una mágnum en las manos. Miró el reloj: la una en punto de la madrugada. Recordó a Mary en la fiesta de carnaval. «Morirás presa de tu miedo» recordó que le dijo.

De repente se oyó un estruendo. La puerta se astillaba a golpes. Saltó el pestillo.

—¡Mary! ¡Mary! —le tembló el pulso.

Una sombra... Disparó tres tiros: dos a la sombra y uno a su corazón.

Bloody cayó desnuda al suelo en un charco de sangre. La brigada central cubrió su cuerpo. Un plástico se cerró sobre la cara del afroamericano que había intentado asaltar el apartamento de Bloody.

Las aguas del Missisipi sacaron a la luz el cuerpo de Mary en estado putrefacto. Una lancha recogió el cuerpo del río.

En el Pub 41 se comentó la muerte de Bloody. La pelirroja era detestada, así que se habló poco. Aun así, junto a la barra se echa de menos la larga melena pelirroja que ahogaba sus penas en zumo de tomate con una pizca de pimienta negra.

Carta a mi peculiar otoño

Fue una tarde cualquiera. Llovía y corrimos de la mano a refugiarnos en un café. Tú estabas elegantemente vestida con un abrigo negro y llevabas un cigarrillo en los labios. Tomábamos una taza de té y veíamos el remolino de hojas amarillas que revoloteaban en el suelo mojado del parque. Estabas increíblemente bella, con tus rasgos tan marcados y esos preciosos ojos negros que no comprendo cómo llegaron a fijarse en mí. El físico no estaba compensado, pero el corazón parecía sonar al mismo tiempo. Fue una tarde cualquiera. Un otoño venía entrando cuando mi primer amor juvenil llegaba cargado de fuerza y de pasión. Mi particular otoño eras tú, con tu mochila al hombro. Ha pasado tanto tiempo. En la retina recuerdo tu amor. Tiempos de estudio en el instituto. Fantasmagórico otoño en forma de mujer.

En tu memoria escribí estos versos:

Para ti,

para mi guerrillera hispano-libertaria,

por el eterno femenino,

por la revolución del hombre y

del Imperio.

Fue una tarde cualquiera. No recuerdo la fecha exacta. El corazón, partido en mil pedazos.

Otoño

MARISA Y EL ÍDOLO ROTO

(una novela que si me apetece algún día escribiré)

Un despertador

El gallo altanero lanzó su quiquiriquí. Sus ondas rebotaron en la charca y la rana verde, dando un pequeño saltito, hizo mover una piedra rodante que bajó hasta chocar con un pino. El árbol movió su rama más alta, que dejó caer una piña. Ésta rodó y rodó hasta el estanque, donde golpeó una balsa que se soltó de su cuerda y cruzó la orilla. La balsa se estrelló con fuerza contra una vieja camioneta sin frenos y ésta cruzó velozmente la calle y chocó contra un puesto de helados. El heladero chilló y su eco hizo retumbar mi ventana, que vibró y se abrió. El viento entró en mi habitación, golpeó un libro de literatura y éste, ¡zas!, me golpeó tan fuerte en la cabeza que me sirvió de gran despertador. Eran las ocho de la mañana.

Caracola

Mis pies en la arena de la playa,
huellas imborrables de la infancia,
con las manos chapoteando en la orilla,
jugando con castillos.
Una brisa fuerte rompe en mi cara,
el sol calienta la mañana,
y mi flotador se pierde en el agua;
lanzo un lloro: «Tengo miedo».
Apenas sé nadar, algo buceo,
mi madre me regaña;
el cubo, la pala y el rastrillo.
Cojo una caracolita de la arena,
escucho el leve susurro del mar,
me río: estoy contento y feliz.
La caracola es mi juguete preferido,
en el apartamento la escucho y siempre
recuerdo mis veranos en la playa.

El inventor de las mil y una palabras

El viejo profesor de literatura corregía uno por uno todos los dictados y redacciones de sus alumnos. Abundaban las faltas de ortografía y de sintaxis y la gramática siempre estaba equivocada en los ejercicios de los muchachos del pueblo. Algunos eran ilegibles por la mala letra y pocos tenían buena redacción. El nivel era bajísimo y la presentación, penosa.

Apenas unos tres o cuatro chavales, los más aplicados de la clase, no tenían faltas y gracias a ellos el profesor se animaba a continuar su labor educadora. Tardaba horas en corregir los exámenes. El profesor enloquecía. El ver los ejercicios con tantas faltas le afectaba a la úlcera.

Pero, para colmo de las desgracias, un nuevo alumno, del pueblecito malagueño de Pedreras del Quinto Cuerno, llegó a la escuela con un terrible defecto: su imaginación calenturienta. En todos sus dictados y deberes inventaba palabras que ningún académico había oído jamás.

Este defecto se le acusaba cada vez más y no había hoja ni frase en que no escribiera tres o cuatro palabras de su propia cosecha.

Y sucedió que en el día del examen de escolaridad, ya a finales de curso, el profesor mandó una redacción de tema libre en la que el nuevo alumno estuvo sembrado, pues si no inventó cerca de trescientas palabras, no inventó ninguna.

El profesor, con los nervios hechos fosfatina, intentó descifrar el jeroglífico que había realizado el Chicuelo, como así lo llamaban sus amigos.

Para no dejarles con la duda, les trascribo literalmente un pasaje de la redacción con la interpretación correcta de las palabras a pie de página:

«La fiesta del telerindo [1]

El curucú [2] del telerindo es un bonachón, amable y simpático. La gretula [3] es muy antigua y tiene unas rajiteras [4] de muchos colores que la hacen preciosa.

Los tregallos [5] son buenas personas que dan limosna para la misa de los ñirundipos. [6]

Al quijerte [7] van personas muy mayores que son muy beatas y el kihuro [8] les da la bienvenida.

La fiesta del telerindo fue muy entretenida y los paletos bebían ujebases [9] en la virefa.» [10]

Este texto, aún más largo y disparatado, hizo guardar cama al bueno del profesor, aquejado de un dolor de úlcera agudísimo. El Chicuelo no pasó el examen de escolaridad pero consiguió un sobresaliente en idiomas en Pedreras del Quinto Cuerno.

---

1 Telerindo: pueblo.
2 Curucú: cura.
3 Gretula: iglesia.
4 Rajiteras: vidrieras.
5 Tregallos: fieles.
6 Ñirundipos: domingos.
7 Quijerte: rosario.
8 Kihuro: monaguillo.
9 Ujebases: vino.
10 Virefa: cantina.

Un gallo rojo

En lo alto de la vieja iglesia, un gallo engalanado lanzaba su canto matutino: un quiquiriquí sonoro, potente, agudo, que retumbaba en toda la aldea. Los campesinos despertaban de un sueño profundo y marchaban a las faenas del campo. Las mujeres tomaban las riendas del hogar y preparaban el guiso y el pan en la tahona. El sol despuntaba en la lejanía, amarilleando el poblado. Las mujeres tendían la ropa, mientras que los hombres rudos de estas tierras escarbaban la tierra para la cosecha.

El gallo volvió a cantar. Lanzó ruidoso un potente quiquiriquí. La vida en el pueblo era apacible, lenta, sin ningún sobresalto. Todo transcurría con la misma monotonía y parsimonia; nada alteraba lo más mínimo la vida de estas gentes. El único que enturbiaba la clama era el gallo rojo con su canto matutino.

El gallo era cojo de la pata izquierda y su cresta, aún más roja que su piel, le daba un aspecto solemne. Llevaba tres años en la aldea, en la fachada de la iglesia, encaramado a una ventana con vidrieras. Era lento de movimientos, de amplio plumaje y con un canto estridente que hacía despertar a toda la aldea.

Las mujeres opinaban que el gallo daría un buen guiso y los hombres compartían esta opinión, porque, a fin de cuentas, era enormemente molesto el canto del gallo al amanecer.

—¡Ingratos! Después de tantas mañanas que les despierto... —dijo el gallo.

Le dispararon un tiro y el gallo rojo murió. Sirvió de almuerzo en la casa del alcalde y las gentes siguieron con su monotonía parsimoniosa la vida de la aldea.

La librería encantada

Era un mueble grueso de madera de caoba, que contenía más de mil volúmenes de libros. Era alto, adornado de jarrones y fotografías enmarcadas. El mueble era una herencia de nuestra abuela paterna y embellecía la salita de estar. Las fotografías eras de mis hermanas, Aurora, Alejandra y Ana. Un día, los rostros de las fotografías de mis hermanas se difuminaron y volaron como por arte de encantamiento por los libros de la librería.

—¿Dónde estarán los rostros de mis hermanas? —me preguntaba—. Han desaparecido como por arte de magia.

Pensé que Ana habría volado a los libros de aventuras, ya que era muy traviesa; Aurora, a los libros de Historia, y Alejandra, a los libros de portugués.

No paraba de preguntarme dónde estarían. Busqué libro a libro y las encontré en un libro de «Misterios del Pasado».

Les pregunté qué hacían allí y me dijeron que estaban volando con la alfombra mágica de Alí Babá.

Sonó el despertador y, cansado, me desperté. Todo había sido un sueño. Me levanté y vi los rostros de mis hermanas en las fotografías. Me alegré. No había sido más que una pesadilla: ahora me marchaba ya a la Universidad.

Un ovni en el jardín

Luis era un joven tímido, de treinta y pico años. Algo fatigado de la vida, se refugiaba en su torre de marfil a estudiar sus libros de Economía. Conservaba la afición desde niño a contemplar el espacio y sus estrellas. Era un soñador: desde muy pequeño le gustaban las aventuras espaciales y el mundo fascinante de los ovnis. Su alegría fue inmensa cuando le regalé un telescopio para que desde el jardín divisara los planetas.

Luis vivía en un tranquilo pueblo de Jaén, en el que pocas cosas sucedían y la vida transcurría con una rutina perezosa.

Un día, en el jardín, mientras estaba concentrado en sus estudios, se decidió a divisar los planetas con el telescopio. Poniendo manos a la obra, lo subió a la terraza de arriba y allí estuvo ensimismado media hora sin que nada anormal sucediera. Pero cuando ya se había cansado, creyó ver un platillo volante que giraba y giraba a una velocidad de vértigo, destellando un color rojizo muy intenso. Fue tan sólo un momento y no lo volvió a ver. Como tenía mucha amistad y confianza conmigo, me lo confesó un día en una larga conversación, pero yo, incrédulo, no lo creí.

Ya en mi casa, se me ocurrió trazar un plan para gastarle una broma. Llamaría a su madre por teléfono y le diría que colgara en el tejado un platillo volante que yo habría fabricado perfectamente con hierros y luces rojas. Pensé dejar mi obra en casa de mi tía Isabel y que fuera la madre de Luis a recogerlo para colocarlo en el tejado.

Pues bien, lo hicimos y Luis cayó en la trampa. Era un 28 de diciembre de 1996. Como loco, fue a llamar a su madre:

—¡Socorro, que me llevan los marcianos! —gritó, con el susto en el cuerpo.

Entonces yo le llamé por teléfono y, riéndome a mandíbula batiente, le chillaba sin parar:

—¡Que vienen los marcianitos! ¡Que vienen los marcianitos!

Pero otro día, los sorprendidos fuimos nosotros. Un día 5 de febrero, Luis había desaparecido. Tan sólo quedaba una nota firmada por él que decía:

—Hoy vinieron de Saturno para buscarme. Soy el nuevo Guardián del Espacio. Estamos en perfecta amistad los extraterrestres y yo.

No hemos vuelto a saber nada de él hasta la fecha. Aún preocupados estamos esperando su venida del espacio o de dónde sea. Fuimos al programa de Paco Lobatón y nada, ni rastro de Luis. Quizá algún día venga para invadir la tierra y someter a la humanidad...

Yo soy la fregona con corona

Al mediodía, cuando mi marido estaba en la oficina, me hallaba limpiando con la fregona el suelo de la cocina que, por culpa de los niños y del aceite de freír, tenía costra como los galápagos. Estaba aburrida, pues no hay nada más pesado que las tareas del hogar, cuando sonó el timbre de la puerta de mi casa. Me asomé a la mirilla y vi a un hombre de traje negro con su maletín.

—¡Atiza! ¡Hacienda! ¡Y yo con estos pelos! Bueno, mejor así.

Para mayor engaño, quité el mocho de la fregona y me lo puse en la cabeza. Estaba hecha un adefesio. Antes de abrir la puerta, me quité la dentadura postiza y me puse una bata sucia de tres días. Así que tenía una pinta para asustar al mismísimo diablo.

¡Ring! ¡Ring!

—¡Ya va! ¡Ya va!

Abrí la puerta de la casa. El hombre del traje negro se quedó mudo.

—Me parece que me he equivocado de casa. ¿Son ustedes los Ruiz?

—Los mismos. Mi hijo está en casa, pero con una parálisis en la cama.

El hombre no daba crédito.

—Bueno, yo, aquí... Perdonen, pero estorbo. Yo venía a comprobar su declaración y ya veo qué pobremente viven. Lo siento. Hacienda no les volverá a molestar. Recuerde: Hacienda somos todos.

Al verlo marchar, di un suspiro de alivio. Me puse la dentadura postiza, me quité el mocho de la fregona y eché a lavar la bata. Me arreglé como la señora de mi casa que soy y me puse a fregar, repitiéndome que era la fregona con corona.

Llamé a mi hijo:

—¡Lázaro, sal!

—Ya voy, mamá. Me estoy poniendo los calcetines. Tengo partido de fútbol. Me voy al estadio.

Pensé en aquel pobre hombre de negro al que se le saltaban las lágrimas. Y ahora, con mi fregona, a otra cosa mariposa.

La comuna

Un aire turbio cargado de brisa marina hacía presagiar que algo importante iba a suceder en la comunidad nudista y que no se debería al azar, sino al metódico plan que rondaba por las cabezas de sus miembros. Muchos ya se habían decidido y habían expuesto que la vida que llevaban no era cosa acertada, sino una locura de juventud. Vivir como los *hippies* de los años sesenta no era una vida cómoda y algunos lo veían ya caduco y sin razón de ser.

El sol de poniente iluminó a las cabezas pensantes de la conspiración, que en una pequeña reunión se decidieron a dar un motín.

—No se puede seguir así —afirmó el cabecilla.

—Es verdad, es verdad —dijeron tres de los conspiradores.

—La vida en la comuna es dura. Ir desnudos por la playa soportando el calor, el roce incómodo de la arena y el contacto con el agua tan fría. Comer vegetales pudiendo gozar de todo tipo de alimentos, tan ricos como la carne. No poder gozar del placer de beber una jarra fría de cerveza o algún cubalibre por las noches.

—¡Motín! ¡Motín! —chillaron los conspiradores.

El jefe de la rebelión se sentía un líder revólucionario. Sostenía que había que rebelarse contra el santón de la comuna.

Al poco tiempo, llegaron en caravana a una playa nudista y bajaron a tomar el sol.

—¡Qué incómodo es que se te meta la arena por la raja del trasero y, además, es que pica! ¡Y tener que tomar ahora zanahoria! ¡Es que no me apetece nada!

—El agua está helada y así, desnudo... ¡Ya no puedo más!

—A mí me da vergüenza ir desnudo. ¡Maldito sea el día en que me apunté a la comuna!

Muchas cosas desagradables suponía la comunidad. La gente se empezaba a cansar y el santón tenía miedo de quedarse solo ante una posible rebelión.

En este día se dio el siguiente hecho fortuito: apareció un chulo de playa que lucía un bañador con manchas de leopardo. Llevaba un periódico bajo el brazo, un paquete de cigarrillos metido en el bañador y un peine a la cadera. Iba comiendo un perrito caliente y bebía cerveza de un vaso de plástico.

—¡Qué horterada! —dijo una mujer.

—¡Qué macarra! —dijo otra.

El hombre se sentía observado así que, ocultándose entre la maleza, se sentó debajo de un árbol. Allí dejó perdido el paquete de cigarrillos.

Dos miembros de la comuna encontraron el paquete y se fumaron varios cigarrillos.

—Si nos ve el santón nos mata —dijo uno.

—¡Lo que echaba de menos el humo del tabaco!

El hombre del bañador de leopardo echó a andar de nuevo por la playa. Las risas eran continuas.

—¿Estaré llamando la atención?

En esto, decidió peinarse su pelo engominado y olvidó el peine sobre una roca. Dos miembros de la comuna lo encontraron.

—¡Qué alegría poder peinarnos el pelo, siempre abultado!

—Si nos ve el santón nos mata —dijo uno de ellos peinándose los rizos de su larga melena.

El hombre del bañador de leopardo sintió profunda vergüenza. La gente lo observaba con malicia y se reía de él. Se sentó y dejó en una mesa de piedra el perrito caliente y la cerveza fría. Dos miembros de la comuna los encontraron. Uno de ellos devoró el perrito caliente y dio un buen trago a la cerveza, que pasó a su compañero.

—¡Qué cerveza más rica! ¡Sabe a gloria!

—Si nos ve el santón nos mata —dando el último trago de cerveza.

El hombre del bañador de leopardo sintió profundas ganas de ir al W.C., así que se bajó el bañador e hizo las necesidades oportunas en una caseta de baño, donde dejó abandonado el periódico. Dos miembros de la comuna lo encontraron y a uno de ellos le vino como caído del cielo, pues no había papel en el retrete.

—¡Qué alivio! Por lo menos me he podido limpiar con unas hojas de periódico.

—Mira qué noticias: motín en una prisión de Caracas, motín en un regimiento ruso, motín en Guinea Bissau.

—¡Cállate! ¡Cállate!

—Si nos ve el santón nos mata.

El hombre del bañador de leopardo se marchaba triste de su experiencia en la playa, cuando se chocó con un poste que decía: «Club Nudista». Entonces decidió conformarse y se bajó el bañador, dejándolo colgado de una rama de un árbol. Dio un paseo por la playa y se sintió desnudo, pero completamente feliz.

—Me conformo. Soy conformista. Me han convencido.

Y respiró feliz.

Dos miembros de la comuna encontraron el bañador de leopardo y se dijeron:

—A mí me da vergüenza ir desnudo.

—A mí también.

Y se llevaron el bañador. En esto se reunieron todos los miembros de la comuna y cada uno contó sus experiencias de aquel día. Entretanto, el santón cortaba unas hojas de lechuga y preparaba una jarra de zumo de tomate. A sus espaldas, empezó la gente a gritar:

—¡Motín! ¡Motín! ¡Motín!

Cogieron al santón por las piernas y le pusieron el bañador de leopardo. Enormemente enfurecidos, lo arrojaron por un barranco.

—¡Aquí termina nuestra vida comunal! ¡Hay rebelión! ¡Hay motín!

Se conformaron con haber despeñado al santón y, con gran felicidad, retomaron una vida que les depara tantas cosas prohibidas, como la de ir desnudos por una playa al sol de poniente.

La batalla

Cuando Felipe II envió sus naves a luchar contra los elementos desconocía que siglos más tarde se libraría una similar batalla, pero más feroz. Todos los seres, todas las cosas, se rebelaban a diestro y siniestro. Los árboles, agitándose, fustigaban a los hombres; las alcantarillas se tragaban a las gentes de la ciudad; los buzones, como si de plantas carnívoras se tratase, se comían a los niños y los semáforos estrangulaban con brutal fuerza a los peatones.

Felipe II luchó contra los elementos. La humanidad se debatía ahora entre el ser y el no ser. Una rebelión estaba a punto de exterminar al hombre tras unos turbulentos años en que éste había ganado en bienestar pero parecía haber perdido el corazón.

El hombre ya no era el motor de la Historia. Los elementos, hasta entonces tan útiles, intentaban adueñarse de la tierra. Las batallas fueron sumamente cruentas: lavadoras engullendo carne humana, microondas asfixiando a sus dueños, televisores estallando por los aires... Se emplearon todo tipo de técnicas de aniquilación para destruirnos y someternos a esclavitud.

Así, las macetas caían de las terrazas, las cabinas de teléfono apresaban a las gentes encerrándolas de por vida, los móviles explotaban en los oídos y los camiones de basura masticaban a todo el que se pusiera en su camino. La guerra se inclinaba a favor de los elementos.

Cuando quise dar crónica de la última batalla, mi máquina de escribir saltó dándome un fuerte golpe en la cabeza que hizo que me desplomara sobre el suelo.

La máquina escribió en la hoja: «Te matamos». El tic-tac de las teclas funcionando solas no era más que una victoria momentánea de los elementos.

Tirado en el suelo, casi derrotado, me dispuse a contrarrestar el dominio de la máquina. Me levanté y descargué un fuerte puñetazo sobre ella. Alcé tres dedos: uno, para teclear la F; otro, para teclear la I, y un tercero, para la N. La máquina quedó detenida.

Este relato es pura fantasía, pero cuando os sentéis a escribir en vuestra máquina familiar tened cuidado: los elementos os pueden atacar.

El punto

Había una vez un punto blanco que pensaba que estaba solo y vacío. Un punto sin principio ni fin. Se colaba Alicia y era un aro muy bonito. El punto estaba triste, se veía en el espejo muy feo, tanto como aquel patito feo que luego se convirtió en cisne. Alicia lo utilizaba de anillo y pensaba que algún día lo llevaría en su boda. El punto blanco quería ser más bello. Además pensaba que las ideas se le escaparían de su círculo blanco.

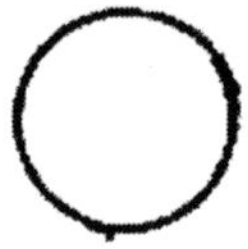

Tenía mucho genio y se ponía a llorar si se le llevaba la contraria. Él decía sí y era siempre no. Él pensaba tal y era cual. Él decía hola y era ya el adiós. Alicia estaba feliz, pero más feliz se encontraría si su punto blanco fuera el punto más hermoso del mundo. Alicia lo tenía en su mano y lo balanceaba como un bebé.

El punto blanco siempre llevaba la contraria a todo el mundo, así que a veces parecía un poco resabiado. El punto decía esto y era lo otro. El punto reía y la gente lloraba. Era un punto muy peculiar, aunque tan vacío que necesitaba amor.

Alicia lo acariciaba y el punto se sentía importante. Al fin con ella se sentía más lleno, más alegre, aunque era un poco gruñón. El punto blanco se miraba al espejo y lloraba, lloraba y lloraba: no quería no tener nada.

—Alicia tiene corazón.

Alicia sintió pena y con un lápiz le pinto un corazón:

El punto blanco se miró al interior, su corazón estaba por error en el lado derecho.

—¡Siempre! ¡Siempre! La cuestión es llevar la contraria.

Entonces se enfadó con Alicia y le dijo:

—Aunque sólo tenga corazón, soy más importante que tú.

Alicia se rió.

Alicia entonces cogió su lápiz y le dijo:

—Te puedo convertir en lo que yo quiera

Y dibujó, dibujó y dibujó tres caritas en su círculo blanco: una alegre, otra simpática y otra pensativa.

—¡No! ¡No! ¡No! Alicia, por favor, quiero ser otra vez un punto blanco.

Alicia se apiadó de él y lo dibujó así:

—Tienes dos partes. Ya te vas haciendo mayor y los años te han ido cubriendo con su sombra. Así, has ido creciendo y madurando.

Entonces el punto blanco se sintió muy importante; ya tenía algo; no sólo era un círculo, sino que tenía memoria, sabía sumar, leer y era cada vez más listo. Pero se sentía todavía triste pues Alicia sólo le trataba como un punto.

—¡Yo quiero ser persona! —dijo el punto.

—Eso no podrá ser jamás. Ni en el mundo al revés, ni el país de los sueños, ni en el de las maravillas, aunque yo me llame Alicia. No, no puede ser. Eres punto y punto. No se hable más.

—¡Uah! ¡Uah! —lloró.

—Punto en boca y se acabó. Punto naciste y así siempre serás. Primaveras, otoños, inviernos, veranos. Días, semanas, meses y años y aun siglos y por toda la eternidad, punto blanco siempre serás.

Lloró y lloró y lloró tanto que las lágrimas se resbalaban como una cascada por sus mejillas.

Alicia era muy buena. Y cogió de una vez y le pintó una sonrisa muy grande para que fuera feliz.

—Ahora estoy un poco más contento, pero me siento como si llevara una máscara o un disfraz.

—No te preocupes. Muchas personas llevan máscara y disfraz. En una palabra, son mentirosas.

—Yo soy un punto blanco y desde ya, aunque no me siento todavía satisfecho, lo llevaré como pesada carga.

Alicia se miró al espejo. Ella era feliz siendo Alicia, no necesitaba ningún país de maravilla. Alicia estaba en su infancia.

Su punto blanco un día lo tuvo que pintar todo de negro, muy negro. Alicia lloró. Su amigo de infancia se le fue un día de otoño que no queremos recordar. Un día el punto blanco resbaló de una hoja de un cuento dedicado a Alicia. Rodando y rodando, como la mayoría de los hombres, y dejándolo todo, fue a parar al suelo.

Y Alicia con su lápiz lo pinto de negro. Alicia guarda en su corazón a su punto blanco. El punto blanco en el más allá, con las estrellas del firmamento, se sintió feliz, pues en un precioso agujero negro se convirtió. Y mira a Alicia con amor.

Y el agujero negro bajó un día a la tierra. Descuidado, intranquilo, bajando por una pendiente, resbaló.

Y ese punto blanco ya agujero negro se encontró con Alicia... y un gato, confundiéndolo con un bombón, sacó su lengua y se lo zampó.

La llave secreta

Un magnetofón empezó a emitir el mensaje. La cinta duraba tres minutos y después se destruía mediante una explosión. El agente secreto pegó su oído al aparato grabador y más tarde lo tiró a la papelera. Era un mensaje escueto y claro: tenía que encontrar la llave secreta que abriera la gran caja fuerte del banco central. La casete decía lo siguiente: «En el oscuro fondo del mar, en las profundidades submarinas, se hallan mil y una llaves; encuentra la verdadera y serás inmensamente rico».

El policía se dirigió al puerto con su deportivo descapotable y con material y vestimenta de buzo para lanzarse a buscar la llave que le diera una inmensa fortuna. Se adentró en las profundidades con su traje de hombre-rana y halló entre un montón de llaves una de platino. Pensó que ésta sería pues es el metal más valioso.

Subió a la superficie y se dirigió al banco central. Allí metió la llave en la cerradura y ésta, como por arte de encantamiento, se abrió. Pero cuál no sería su sorpresa cuando se percató de que la caja fuerte tenía otra caja en el interior que se abría con otra llave secreta.

Decidió acercarse otra vez al mar y encontrar la otra llave. Esta operación la hizo mil y una veces, pues la caja fuerte se subdividía en cajas y montones de cajas. Al final, sólo le quedaba una última caja y la última llave secreta fue la que abrió finalmente la caja fuerte. Y… ¡sorpresa!: en la caja sólo había un montón de escrituras de propiedad que no tenían valor y tres mil pesetas enrolladas con una goma de plástico.

El agente secreto se dijo:

—Anacleto, Anacleto, no das una, no das una.

Psicoanálisis

«Conócete a ti mismo»
SÓCRATES

Me encontraba tumbado en el diván azul, fumando innumerables cigarrillos, mientras mi psiquiatra rebuscaba en los entresijos de mi mente las causas psicológicas de mi estado anímico. Como un detective privado, investigaba en lo más escondido de mi subconsciente la clave, entre mágica e irreal, de mi enfermedad. Una taza de té con menta descansaba plácidamente en una mesita que tenía al lado. De vez en vez levantaba la cabeza para dar un sorbito y refrescarme. En el cenicero un montón de colillas se acumulaban y el humo opiado de los cigarrillos ennegrecía la cerrada habitación. Las cortinillas estampadas estaban echadas y una potente luz de un flexo iluminaba la consulta.

Mientras el médico escudriñaba y observaba el tímido parpadeo de mis ojos, que se detenían en las cortinas, anotaba en un pequeño cuaderno de notas las experiencias vividas en mi infancia y en mi juventud. Le relataba paso a paso mis vivencias recordando con amargo dolor algunas y en otras poniendo un entusiasmo enfermizo. El ambiente estaba cargado y el doctor abrió una de las ventanas, por la que se divisaba un jardín con unas plantas bien cuidadas. A lo lejos, en un pequeño garaje, había un coche.

La consulta estaba repleta de libros, manuales de psicología y psiquiatría, entre ellos el archiconocido libro del doctor Sigmund Freud «La interpretación de los sueños». El psiquiatra tomó este libro y se puso a leerlo con cuidada atención. Esto no hubiera sido necesario si no le hubiera relatado que un sueño persistente me asaltaba por las noches, levantándome súbitamente de la cama y produciéndome una terrible desazón.

Aproveché que leía para sorber un poco de té mentolado y dar una fuerte bocanada de humo. El doctor halló lo que buscaba. El significado de mi sueño podía ser similar al conocido pasaje filosófico de «El mito de la Caverna» de Platón. Siempre en mi pasaje nocturno me levanto huyendo de unas sombras hacia una luz cegadora. Quizás pensó el doctor que huía en mi subconsciente de algo o de alguien que pudiera enturbiar mi vida. Así pues, el psiquiatra me aconsejó que leyera este texto y elaborara una breve redacción sobre la relación entre mi sueño y «El mito de la Caverna».

Pasadas unas semanas, volvía a estar tumbado en el diván azul. En el bolsillo de la americana llevaba un papelito con la redacción. El psiquiatra encendió un cigarrillo y le alargué el papel para que atentamente lo leyera. Su cara no era de sorpresa, pues ya había pensado él mismo que escribiría algo semejante. Era un resumen de ideas inconexas, de recuerdos del subconsciente, de puntos interminables. Era como el testamento de un loco que se va a suicidar y quiere dejar testimonio de su insensatez. Por su crudeza, el médico pensó que si me soltaba de golpe el escrito se abriría la espita de mi cerebro y brotaría la luz de mi subconsciente que me hiciera recobrar la salud psíquica.

El médico leía mientras yo sorbía lentamente un té:

> *El hombre que fue jueves saltó por el balcón a un abismo de víboras que los necios habían tejido con su red. El mito de la caverna es un sueño producto de una mente delirante. Sólo un detective como Sherlock Holmes puede resolverlo. Soy un superhombre. El sueño me perseguirá hasta el fondo de la tierra.*

Así, mientras sorbía la taza de té, sentí un fuerte dolor de cabeza producto de la sensación del resumen. La espita de gas de mi mente estaba abriéndose. Era como una luz cegadora. Sentía mucho dolor, un dolor intensísimo. Al final parecía abrirse una esperanza. La luz se hizo en mi cabeza y sentí alivio. Me había sentido como una olla a presión a punto de estallar. La magia del psicoanálisis, ese método inductivo que algunos psiquiatras se sacan de la chistera, había producido su efecto. El médico respiró aliviado y dijo:

—La sesión ha finalizado. Ha sido liberador, ¿verdad? No hay nada mejor que conocerse a uno mismo, como dijo Sócrates.

Y la luz se hizo en mi mente.

¿Quizás mi alma beba la copa de la felicidad?

José miraba con ojos tristes a Jesús. Parecía que se afanaba mucho en la carpintería y el trabajo le fatigaba en demasía. Andaba clavando y cortando con la sierra, ora un mueble, ora una silla. Era ya un experto carpintero, bello oficio aprendido de su padre. Estaba siempre atareado con los encargos de los vecinos. Lo hacía todo bien y con pulcritud. María les esperaba en casa haciendo las faenas del hogar y con el puchero de la comida. José amaba mucho a su hijo, que tantas satisfacciones le causaba. Era bueno, dulce, nunca torcía el gesto cuando el trabajo era duro y se encontraba siempre alegre. La carpintería les daba un vivir honrado, para ir tirando, pero sin derrochar ni un ápice.

En su cuarto, después del trabajo, Jesús oraba a su Padre Celestial y se entretenía en confeccionar una pequeña copa de madera que tallaba con sumo cuidado y cariño. Le llevó un mes tener este bellísimo objeto limado y bien trabajado. Había escrito con un punzón una leyenda: «Amaos los unos a los otros como yo os he amado».

Jesús en las comidas bebía en su copa de madera y siempre la llevaba consigo a la fuente para beber cuando jugaba con los niños. Más tarde su copa de madera sirvió para beber en la última cena con sus discípulos: «Tomad y bebed:

ésta es mi sangre». Y también Juan, el discípulo al que Jesús amaba, le dio de beber en esta copa cuando, crucificado en el madero, sediento y roto de dolor, exclamaba: «Perdónalos porque no saben lo que hacen».

Siglos más tarde, un joven metido al oficio ingrato de escritor, el que les escribe, ansiaba beber en la copa de madera del buen Jesús. Siempre me preguntaba:

—¿Quizás mi alma beba la copa de la felicidad?

Estando de peregrinación en Roma, tuve la oportunidad de ser recibido en audiencia por el Vicario de Cristo. Allí, encima de un escritorio, había una copa de madera bien tallada con la bella leyenda que escribiera el mismo Cristo dos mil años atrás. No cabía duda: era la copa de la verdad y la felicidad. Sorbí un poco de vino dulce y conocí desde ese mismo momento que mi vida era seguir al Mesías. Mi vida es camino, es paz y es felicidad.

Tinieblas

La luz de un quinqué ilumina la alcoba. ¡Qué día tan aciago! En esta penumbra sólo hallo la infelicidad. Hoy le hemos dado tierra. Tan joven, rondaba los treinta. Otros lucen su hálito vital por el paseo que se ve desde el ventanal de la alcoba. No es justo: era el mejor. Caminaba por la vida haciendo el bien, como el Maestro.

Apenas hay luz; el quinqué centellea una luz verdosa que me hunde en la amargura. Tengo la pena en mi alma y mi cuerpo sólo siente la mitad de lo que hay que sentir. Era mi mejor amigo. Le llegó la hora arrebatándole la vida con fiereza rabiosa. Yo también siento rabia. Recuerdo los años de facultad. La vida nos sonreía con la alegría de mil soles. Ahora él, muerto, y yo, en las tinieblas de la locura. Estoy triste.

Al fondo, veo el sable del abuelo. Mi abuelo vivió cien años, mi amigo treinta y yo catorce años en el delirio. ¿Acaso Dios paga con la misma moneda? No sé. Dicen que es el destino. ¡Maldita rueda de la fortuna! ¡Maldita ingratitud! Mi amigo yace en el cementerio, yo camino sin futuro y el sable del abuelo es un arcaísmo sarcástico.

Siento el dolor en mis entrañas. Las entrañas de mi buen amigo, devoradas por los gusanos; las entrañas de mi abuelo descansan en paz, y mis entrañas me las arrancaría con el sable de caballería. La penumbra se hace verdosa, verdosa de quinqué verde. Tengo el cuerpo frío como un témpano, como el frío del ataúd y del cuerpo muerto. Alargo el sable y contemplo la última fotografía de mi amigo, tan espléndido. Es la hora de las tinieblas. Beso la foto de mi compañero y, alargando el sable, lo estrujo contra mis entrañas. Tinieblas, abuelos, sables, y nada más que frías tinieblas.

El olivo

Alicia tenía un olivo en su jardín, un bello árbol que daba unas aceitunas buenísimas. Pensaba, en su ingenuidad, que algún día saldrían del árbol pequeñas pepitas de oro. Soñaba con hacerse un collar de oro. Así, cada jornada, regadera en mano, dejaba verter sobre las raíces un agua cristalina, mientras se ilusionaba con la idea de que algún día aparecería cubierto de pepitas tan doradas como el sol de las mañanas.

Pasadas semanas, el olivo seguía dando aceitunas y Alicia se desesperaba un poco y reñía al árbol. Dándole un fuerte puntapié, le dijo:

—Yo quiero que des pepitas de oro. Quiero hacerme un collar con ellas.

Un sol de justicia caía sobre Alicia una tarde de verano. Empezó a llorar y las lágrimas caían de sus ojos a la regadera.

Se marchó a acostar y entonces, desde lo más alto del cielo, se escuchó una voz:

—Hágase.

Las lágrimas de Alicia habían tocado el corazón de Dios y en aquella noche fría, llena de estrellas, magia y encantamiento, esas lagrimitas cuajaron en un perfecto diamante, tan bello como la luz del día.

Al día siguiente Alicia sacó de la regadera su diamante y, en agradecimiento, bajo el sol de la tarde, regó su olivo, que, como es natural, daba unas riquísimas aceitunas verdes. El olivo alzó sus ramas al cielo bendiciendo a Dios.

Un espejismo

El tuareg vio en la lejanía un oasis, que a pasos agigantados se acercaba a sus ojos, medio cubiertos por su turbante azul. ¿Estaría ya delirando? El viaje había sido durísimo y estaba muerto de sed y muy cansado. El dromedario estaba destrozado por tan larga caminata y el sol pegaba tan fuerte que el viejo tuareg del desierto estaba bañado en sudor.

Veía un oasis, con palmeras y fuentes de aguas cristalinas. Pensó que se había vuelto loco y se tocó el brazo para cerciorarse de que no estaba soñando. Después de setecientos kilómetros en ruta no había visto nada ni a nadie. Tan sólo arena y más arena en un desierto sin fin. No se lo podía creer: tan cerca, tan cerca, el agua manaba. Podría calmar su sed y por fin descansar.

Recorrió tres kilómetros y seguía viendo el oasis, pero no se acercaba lo más mínimo. Tras siete kilómetros más, nada, no conseguía llegar al ansiado oasis. Dudó y pensó que era un espejismo. Sólo había arena y más arena.

Pasaron noches y días de camino y aún veía el bellísimo oasis. Entonces pensó que se estaba volviendo loco o que sufría un espejismo auténticamente cruel. Bajó del dromedario y, echado en la arena, alzó una plegaria al cielo:

—No hay más Dios que Alá y Mahoma es su profeta.

Entonces cogió las riendas de su dromedario y comenzó a caminar. No había recorrido más de dos kilómetros cuando divisó a lo lejos un poblado de bereberes y suspiró por fin:

—Alá es grande.

Era el fin de su viaje por el desierto. El espejismo sólo había sido un mal sueño delirante por la excesiva exposición al sol.

Alma y Humo

Los especialistas en el campo de la radiología han venido observado desde la aparición de la técnica de los rayos X que el cuerpo humano despide un humo imperceptible para el ojo desnudo. Es un hecho contrastado que los pacientes con diversas patologías, cuando son sometidos a una sesión de radioterapia o a un examen por rayos X, sacan a la luz un humo negruzco que el cuerpo evapora por la transpiración.

Desde el acaecimiento de un caso singular, que inundó de un vapor pestilente y nauseabundo la consulta de un eminente radiólogo, se ha venido afirmando que el hombre despide un humo no visible, que la lógica científica ha analizado en diversos tratados de Medicina. La ciencia aún no ha logrado descifrar el enigma de este misterioso caso; tan sólo posee la convicción de que esto sucede y de que el hombre al morir despide un humo escandalosamente sucio.

El humo que despide el ser humano es producto de una combustión y es, como se afirmado anteriormente, evaporado por la piel humana. Muchos filósofos y teólogos de reconocido prestigio han afirmado que el humo es la carga de iniquidad que soporta el hombre desde su nacimiento hasta que muere. Es más bien una especulación teórica y puede creerse o rechazarse de plano. Un teólogo ha afirmado que el humo viene del pecado de nuestros primeros padres, que comieron del fruto prohibido, lo que ennegreció sus almas.

Sirva bien esta exposición para enmarcar el enigmático caso de un amigo francés que se vio envuelto en un hecho singular que cambió su destino para siempre.

Francis era un joven libertino, amante y bebedor. Buscaba saciar siempre sus más bajos instintos y escandalizar, cayendo en las más aberrantes bajezas. Era un hombre de lo más cínico y abyecto que uno se pueda imaginar. Mentiroso, y a la vez un poco estúpido, vivía como un desgraciado animal.

Francis presentaba la condición heredada de sentir un temor intenso cuando cometía alguna fechoría. Le temblaba el cuerpo pensando en un más allá en el que quizás ni siquiera creía. Pero, pese a sus defectos, Francis tenía una gran virtud: ser muy amigo de sus amigos.

Un día, a orillas del Sena, oyó el repicar de unas campanas; era Jueves Santo. Desde la avenida se escuchaba el sonido de las campanadas y un intenso aroma a incienso inundó la calle. Francis respiró ese incienso y recordó las oraciones infantiles aprendidas de labios de su madre. Pensó entrar en la iglesia y así lo hizo. Un enorme sudor frío le heló la espalda al ver una imagen de la Piedad. Tembló y rompió a llorar.

Apesadumbrado por la carga de sus maldades, entró en un confesonario y escupió las vergüenzas que le atormentaban. El padre dijo:

—*Ego te absolvo.*

Y un humo negro salió por la celosía del confesonario. Francis pudo ver cómo ese humo turbio salía de su piel para bajar hasta las antesalas del abismo. Por fin, era libre.

Apocalipsis

«Sólo el misterio nos hace vivir. Sólo el misterio»
FEDERICO GARCÍA LORCA

El humo negro de la chimenea destilaba un aroma a madera chamuscada. Un rescoldo de brasas centelleaba juguetonamente haciendo juego con la alfombra de dibujos persas que adornaba el salón. La luz tenue de un quinqué iluminaba la habitación. Un paisaje arbolado se divisaba a través de un ventanal de vidrieras. A lo lejos, el piar de un pajarillo entonaba una dulce melodía de cálido candor. Blancas margaritas temblaban en el jardín. Un barquito de vela y un cuadro abstracto presidían majestuosamente un rincón. El reloj de pared cantaba puntualmente las horas.

Una mecedora de caoba sostenía el cuerpo muerto de un joven soñador. Entre sus manos una Biblia encuadernada en pasta española. Le había llegado la hora de la eternidad y la entrada en la bienaventuranza de los elegidos a la gloria. Descansaba en paz. Su alma volaba por el ventanuco del salón hasta las regiones del más allá.

«Memento, homo, quia pulvis es»

Un viento cortante rugía y bamboleaba los altos cipreses del cementerio. Un nutrido grupo de amigos acompañaba el último viaje del fallecido joven soñador. El sacerdote hizo la señal de la cruz y todos al unísono recitaron un padrenuestro. La tierra cubrió su ataúd y sus últimas esperanzas e ilusiones. Era, en definitiva, un gran aventurero y buscador de utopías. Tras los últimos pasos, la verja metálica del cementerio se cerró y el joven durmió su paz perpetua. Su cuerpo, rebosante hacía horas de energía y vitalidad, se convertiría en un puñado de cenizas grisáceas. El silencio era tenebroso. Era la hora de los sepulcros.

«Yo soy la resurrección y la vida:
el que crea en mí, aunque muera, vivirá»

Unas cenizas revoloteaban por las vidrieras del salón. Se mezclaban con el polvillo del humo negro de la chimenea. Extraña mezcolanza. El piar de los pajarillos se hacía más y más intenso, como el sonido de una trompeta del Apocalipsis. El cuadro abstracto presidía solemnemente el hecho histórico. Las estrellas tintineaban y se divisaban por las ventanas del jardín. La mezcla de cenizas cayó en la mecedora de caoba. Un cóctel explosivo. Se empezó a moldear en la mecedora una pequeña silueta de hombre. Y... ¡magia!: un muñequito mádelman descansaba plácidamente sus bellos sueños en la mecedora de caoba. Todo era presagio y esperanza: el lloriqueo de unos niños que jugaban en el jardín con una pelota de goma; una linda mujer que hacía café en una cafetera italiana. Todo era otra vida, todo era otra historia. De aquel joven bellísimo no queda nada. Todo era un hermoso sueño. Todo, una esperanza inútil. Quizás haya que esperar al toque de las trompetas del Apocalipsis.

Balada triste de la abeja reina

A lo lejos, en una colmena, brilla y parpadea risueña la abeja reina. Tumbada en una hamaca color turquesa, se abanica con una hoja de morera. Los zanganillos, gandules y perezosos, le hacen la corte y pelean por ella. Es un día maravilloso y azul de verano y la colmena bulle de algarabía. La gran abeja reina descansa, aletea y zumba para atraer al zángano más esbelto y atractivo. Una miel dulcísima, limpia y clara, rezuma por las hexagonales celdillas de los panales. La reina silba una canción para encandilar a su amado. Es un verano feliz. Los zanganillos revolotean, brincan, hacen mil cabriolas y besan tiernamente los labios húmedos de la abeja real.

Todo es dicha y alegría en la colmena. Ésta se encuentra en una rama de un chopo, oculta y hermosa. El gran trono real está bañado de un delicioso néctar de miel amarga que, en una pequeña pipa de calabaza, sorbe la reina. Los zánganos pretenden a la abeja, le hacen muecas y le muestran tiernas sonrisas. La reina se abanica y guiña un ojo a los zanganillos gandules que le acarician las alas.

Es un día feliz de verano, un verano bochornoso en el que los críos saltan, juegan con espadas y se bañan en las piscinas. Unos pequeños corren por el parque y la hierba: juegan, saltan y brincan. Se encaraman al viejo chopo del parque que oculta entre sus ramas la colmena. Los zánganos dan la alarma y cunde el pánico en la colmena. Multitud de ellos intentan proteger a la reina. Una espada de un niño pequeño rompe de un golpe la colmena. Los zánganos picotean a diestro y siniestro. La abeja reina clava su bellísimo aguijón venenoso en un niño muy pequeño. Éste llora y llora y corre a ver a su madre.

La abeja reina yace en la rama del árbol, muerta.

El biombo de bambú

Tras el biombo, una joven japonesa se vestía para su día más feliz. Hacía una mañana espléndida y la alegría rebosaba en la corte del Emperador. Un círculo rojo en una preciosa y blanca tela adornaba la fachada de la residencia imperial. La joven princesita se desnudaba lentamente mientras el Emperador esperaba echado en el diván. Era el día de su boda. La japonesa se acicalaba para estar hermosa y radiante ante el gran Emperador. Se vistió y apareció esbelta y fulgurante ante la majestad imperial. El silencio se hizo en la alcoba y el gong sonó para los expectantes visitantes que esperaban la salida al balcón de la ya Emperatriz y su anciano esposo. La muchedumbre empezó a aclamar y la joven movía tiernamente su mano en señal de agrado. El Emperador dichoso saludaba a sus súbditos.

Un niño con una hoja de palma se acercó a la residencia y pidió hablar con sus majestades. Para agradar a su pueblo, el Emperador no se negó y le hizo subir. Entonces, la princesita le hizo pasar a la alcoba y le dio una cajita de música de regalo. El Emperador cerró el balcón y despidió al niño amablemente, regalándole incienso de madera de sándalo.

El sol ya declinaba y los recién casados debían pasar la noche de bodas durmiendo juntos. La princesa estaba feliz y el anciano era muy dichoso. La joven japonesa se ocultó tras el biombo de caña de bambú y empezó suave y delicadamente a desnudarse, dejando con la mano izquierda la ropa en el tocador. Una vez desnuda, salió del biombo y se ruborizó. Sus mejillas enrojecieron y se turbó. El Emperador, extasiado por tanta belleza, se llenó de felicidad. El poseer una mujer tan preciosa a sus años era un auténtico don del cielo. La japonesita besó la frente del anciano y éste, sumido en pleno entusiasmo, lloraba de alegría. La joven apagó el candil y pasaron la noche más feliz que se recuerda en el Imperio del Sol Naciente.

El peregrino

Amanecía en la colina, el sol despuntaba y el viento cortante rugía. La mañana se presentaba fresca y un leve rocío humidificaba el monte arbolado. El silencio era total, sólo interrumpido por el suave chisporroteo del agua cristalina de una fuente. Era el sexto día de larga y dura caminata. Con el bordón para acomodar el paso y la concha de Santiago en la bolsa de cuero, andaba distraído, absorto en mis pensamientos, como queriendo llegar en un momento a mi destino: la gran Catedral compostelana. Había parado unos minutos en una cabaña del camino para degustar un exquisito queso elaborado artesanalmente. También aproveché para atarme el cordón de las botas y beber un sorbo de agua fresca. Al día siguiente llegaría, Dios mediante, a la bellísima ciudad románica de Santiago. Así que, animado, aligeré el paso y, con mi librito de oraciones, rezaba por el buen término de mi peregrinación.

Hacía una mañana espléndida, para enamorarse de estos bellos paisajes naturales, de sus fuentes, valles, iglesias y magníficos montes. Mientras iba caminando veía a jóvenes con sus mochilas a la espalda. Reían; estaban impacientes por llegar a la ciudad. Tenía que parar a almorzar y decidí bajar al pueblecito de Arzúa para acercarme a una prestigiosa pulpería. Allí me sirvieron un pulpo a feira para chuparse los dedos. Esto del Camino era verdaderamente un auténtico placer. Reanudé mi marcha tras parar en la Iglesia de Arzúa y sellar la credencial que me permitiría recibir la Compostela.

El día siguiente el sol pegaba con fuerza y el sudor recorría mi espalda y mi frente. Ya estaba en el Monte del Gozo y divisaba las torres de la catedral. Me llené de satisfacción y lágrimas de alegría brotaron espontáneamente de mis ojos. Después de siete días, no era para menos; la felicidad era desbordante. Cuando sólo me quedaba un kilómetro, me ocurrió algo imprevisto: sentí un fortísimo dolor en las rodillas y me era imposible caminar. Entonces lloré de amargura. Me dije: «No me rendiré». Y decidí hacer mi último tramo arrastrándome por el suelo. La gente se maravillaba de mi fortaleza interior, me aplaudía y daba ánimos. Al llegar a la Plaza del Obradoiro vítores salían de sus gargantas: «¡Bravo!», «¡Valiente!». Me emocioné. Me abracé al Apóstol y lloré lágrimas de alegría.

Un paseo a la estación

Paseaba despacio por el puente. Abajo, el riachuelo; un hombre pescando carpas con las manos. Era un atardecer silencioso. El hombre miró y me saludó cortésmente. Sin más, volvió a la pesca y yo le devolví el saludo alzando mi mano derecha. Una barca mantenía al hombre en medio del río. Con sus fuertes brazos atrapaba las carpas y las metía vivas en una bolsa de lona.

El sol se ocultaba y daba paso a una luna menguante. Eran las ocho y cuarto de la tarde. El tren no tardaría en llegar. Siempre paseaba desde el río hasta la estación de ferrocarril. Aquel día iba comiendo unos altramuces que había comprado en la tienda de Tere y tiraba la piel al suelo, haciendo tontamente un caminito que me permitiera volver tras mis pasos. En la lejanía se divisaba el humo del ferrocarril y su traqueteo se oía con verdadera violencia. El tren era rápido y cómodo. Recuerdo que hace ya años viajé en coche-cama hasta Ponferrada desde la estación del pueblo.

Se me acabaron los altramuces y ya no podría seguir el rastro. Era tan estúpido lo que hacía que me sonrojé. Ya sólo me quedaban cien metros para sentarme en la estación y ver a los vecinos de los pueblos que viajaban en el tren. Un mendigo tocaba la flauta en el suelo para ganarse el jornal y un perro callejero se exponía a morir corriendo velozmente por las vías del tren. El mendigo me saludó y le di cinco duros que llevaba en el bolsillo de la cazadora. Se levantó y me tocó «El cóndor pasa», a lo que sinceramente me mostré agradecido.

El tren hizo presencia en la estación. Los viajeros bajaban cansados, pero alegres por concluir tan largo viaje. Algunos llevan maletas de cuero y otros, bolsas de viaje. El tren partiría a los cinco minutos hacia el pueblo más cercano, su último destino.

La luna era ya una auténtica realidad y pensé volver a casa siguiendo las pieles de los altramuces. Al llegar al puente, vi la bolsa de lona llena de carpas, la barca en medio del río y el hombre ahogado. Me asusté y corrí veloz a llamar a la Guardia Civil. Del cuartelillo salieron disparados dos números del cuerpo, que llevaron el cadáver al tanatorio de la ciudad. Al cabo de unos días, pregunté por el motivo de la muerte de ese pobre hombre y me dijeron que había muerto de un infarto, hundiéndose en el agua turbia del río.

No volví a pasear hacia la estación hasta pasadas varias semanas, cuando pude superar el trago amargo de la muerte del pescador de carpas.

Más tarde, todo volvió a la rutina: mis paseos a la estación, mi conversación con el mendigo, el paso del tren, los altramuces...

El club de las hormigas

Un farolillo rojo iluminaba la casita de las hormigas. Era día de fiesta y carnaval. Una hormiga roja vigilaba la puerta de entrada y las invitadas entraban con diferentes disfraces a la fiesta. Una dejó su paraguas en la entrada y las demás entraron al salón para bailar y degustar alguno de los aperitivos. Había canapés, pipas de calabaza y, para beber, sangría con frutas tropicales. La invitación decía lo siguiente:

Invitación

EL CLUB DE LAS HORMIGAS
11 DE LA NOCHE (GRAN BAILE Y COTILLÓN)
ACUDID CON DISFRAZ

Había una hormiga negra que no iba disfrazada de nada. El rey de las hormigas rojas se enfadó tanto que la hizo llegar a su presencia. Estaba el rey Sansón Hormíguez en su sillón real con su corona y con su traje de piel, degustando una pipa gigante de calabaza, cuando le trajeron a la hormiguita. El rey le dijo:

—¿Qué es eso de no disfrazarse de nada?

—Voy disfrazada de rey Sansón Hormíguez.

—No consiento esas impertinencias.

—Se lo juro: voy disfrazada de rey.

El rey, bebiendo un trago de sangría, ordenó que la perdonaran por su gran originalidad y no le cortaran la cabeza. Mientras tanto, las hormigas negras bailaban sin cesar la canción del Cola-Cao y las más atrevidas intentaban ligar con las hormigas rojas. Dieron las seis de la mañana y las hormigas, extenuadas, se fueron a sus agujeros a dormir.

La tortuga

La vieja tortuga estaba escondida en un rincón de la sala. Caminaba lentamente, con pereza, contaba con sesenta y tres años de edad. En su boca llevaba una hoja de lechuga fresca y verde como su caparazón. Si la tortuga pudiera hablar contaría la vida y milagros de la familia que mimosamente la cuidaba. Fue un regalo del abuelo al nieto en una Navidad. El viejo, que con tanto cariño había mirado por ella, se la cedió a su nieto para que la cuidara. La vieja tortuga era un libro mudo de la familia. El abuelo decía a veces riendo:

—¡Si la tortuga hablara...!

El nieto jugaba con el galápago y le sacaba con fuerza la cabeza del caparazón. La tortuga se escondía y perezosamente buscaba su descanso. Había crecido; al principio estaba en una pecera, con un poco de agua, pero con el paso de los años caminaba por la casa como un miembro más de la familia. Le pusieron de nombre Manuela.

Un día, la tortuga, ya cansada de la vida, se escondió en un rincón de la sala y eligió un lugar solitario para morir. El nieto la encontró muerta y lloró. ¡Le recordaba tantas cosas! Entonces, en una caja de zapatos, la llevó al Retiro y la enterró en la Montaña del Gato. Lloró por última vez y la vieja tortuga descansó en paz.

Haz de Jesús una canción de amor

Imagínate en una calle cualquiera, embriagado del amor de Cristo. Henchidos de aire los pulmones, empiezas a silbar una canción y repites en tu alma: «Tú lo sabes todo, Tú sabes que te quiero». El cuerpo erguido, mirando a las nubes del cielo, Dios está a tu lado. Cruzas la calle y te detienes en un semáforo. Entusiasmado, piensas que giras como una peonza, encantado, como disfrutando de todo lo bueno que Dios te da. Permanecerías girando toda la tarde hasta que la noche se cubriera de estrellas.

Empieza a llover a cántaros y te emborrachas de un amor que cala todos tus huesos y las fibras de tu alma. Deseas dar un abrazo a cada hombre que camina contigo. Habías salido con el alma limpia de la Casa de tu Padre, en la Iglesia recibiste a Cristo y Él te ha dado la mano.

No pierdas más el tiempo, lucha para forjar tu camino, haz de tu vida una bella canción de amor, pues nadie paga tan alto como Cristo.

Y siempre que camines, piensa que pones música a tus pasos, en una calle, en una plaza, en una ciudad, en una montaña, y que la batalla del cielo hay que ganarla a punta de bayoneta, con el arma del perdón, con la locura del amor, con la trinchera de la prudencia, con la pistola de la bondad, con la franqueza del arrepentimiento, con la guitarra que dibuja con sus notas tu canción, con el pincel que esboza la calle que pisas, el bache que padeces, el dolor que te embarga, la alegría que te inunda. Alza tu mirada limpia mirando al cielo e imagínate escalando por una montaña abrupta hasta tu estrella, imagina que cabalgas con tu caballo negro hasta la Casa de tu Padre. Mantén sereno el ánimo y, sintiendo tu corazón, sufre, llora, reza, pues aunque la noche oscurece la ciudad hay una estrella que te cobija para la eternidad. Jesús te mira con amor.

Índice